农业节水的技术采纳与政策选择研究

——以京津冀地区为例

赵姜　龚晶◎著

中国经济出版社
CHINA ECONOMIC PUBLISHING HOUSE
北 京

图书在版编目（CIP）数据

农业节水的技术采纳与政策选择研究：以京津冀地区为例／赵姜，龚晶著.－北京：中国经济出版社，2023.5

ISBN 978-7-5136-7291-7

Ⅰ.①农… Ⅱ.①赵… ②龚… Ⅲ.①农田灌溉－节约用水－研究－华北地区 Ⅳ.①S275

中国国家版本馆 CIP 数据核字（2023）第 071580 号

责任编辑　叶亲忠
责任印制　马小宾
封面设计　华子图文

出版发行　中国经济出版社
印　刷　者　河北宝昌佳彩印刷有限公司
经　销　者　各地新华书店
开　　　本　710mm×1000mm　1/16
印　　　张　15.5
字　　　数　240 千字
版　　　次　2023 年 6 月第 1 版
印　　　次　2023 年 6 月第 1 次
定　　　价　88.00 元

广告经营许可证　京西工商广字第 8179 号

中国经济出版社 网址 www.economyph.com 社址 北京市东城区安定门外大街 58 号 邮编 100011
本版图书如存在印装质量问题，请与本社销售中心联系调换（联系电话：010-57512564）

　　水是农业生产的重要投入要素，是保障国家粮食安全的重要战略资源。近年来我国大力发展节水农业，但在实际生产中，农业用水浪费现象仍较为严重，节水设施利用率低下、农业用水管理不到位、农户节水积极性不高等问题普遍存在，造成我国农业灌溉用水的利用效率仍较低。农业节水是一项复杂的系统性工程，需要社会各界的广泛支持和配合。作为生产经营的主体，农业生产者的积极参与至关重要。此外，农户是技术使用的主体，节水技术的研发与推广都应以满足农户需求为目的；农户还是政策落地的依托群体，节水政策的效果和农业节水目标的顺利实现取决于农户对农业节水政策的接受意愿。因此，摸清农户对于不同治水手段的接受程度和可能反应，是政府未来设计节水政策时必须考虑的核心问题。

　　京津冀地区属于典型的资源型缺水地区，以不到全国2.3%的土地面积和0.7%的水资源承载了全国8%的人口和11%的经济总量，是我国水资源环境严重超载地区之一。本书基于农户的视角，以京津冀地区为例，从微观主体入手对农业节水问题进行深入研究，系统分析农户农业用水和节水技术推广现状，探索影响农户节水技术采纳行为的关键因素，定量评价农户在不同政策情景下减少农业用水的意愿，量化节水政策组合中各项政策措施的优先序，在此基础上研究设计合理的政策机制，探讨适宜农业实际生产，更具有长期性、稳定性和可操作性的水资源管理模式，引导农户使用高效节水技术。本书的研究内容主要包括以下3个方面：

　　第一，梳理了近年来京津冀地区水资源与农业用水情况，测算京津冀农业全要素用水效率，并分析其影响因素。从经济研究的角度将水资源纳入经济变量，运用投入导向型且规模报酬不变的超效率 SBM-DEA 模型，得出近年来京津冀地区整体的农业全要素用水效率约为 0.6，仍有较大的节水潜力。河北作为京津冀地区农业节水最具潜力的省份，应尽快提高农业用水效率，缩小地区差异。另外，借助于面板 Tobit 模型检验自然禀赋、水利设施、人力资本以及农业规模等因素对农业用水效率的影响，得出在未来京津冀地区推进城镇化的过程中，应注重节水宣传，从微观层面加强对农户用水行为的科学引导，让农户充分意识到水资源的紧缺现状，从根本上提高农户自主节水的积极性。

第二，构建了"认知→选择意愿→采纳决策→采用程度"的农户节水技术采纳行为分析框架。基于京津冀地区农户生产经营与节水技术应用情况的调研数据，得出当前使用传统型农业节水技术的农户占样本比重最高，农户口口相传，仍是京津冀地区传统型、经验型节水技术信息传播的主要途径。利用结构方程模型分析农户节水技术采纳意愿的影响因素，发现政策宣传是影响农业节水技术采纳意愿的最重要因素，农户个人禀赋和家庭禀赋对农业节水技术也有一定的影响。良好的政策环境有利于调动农户决策者农业节水技术采纳积极性，高效的技术宣传方式有利于加深农户对节水技术的理解，促进农业节水技术在华北地区大面积推广。利用 Double-Hurdle 模型分析不同禀赋农户节水技术采纳决定和采用程度情况，并进一步分析影响因素，发现文化程度、土地细碎化程度、节水宣传力度、水资源稀缺性认知显著影响农户节水技术采纳决定和采用程度。加大农业节水技术宣传力度，提高华北地区农户对农业水资源稀缺性的认知，有利于促进农户采纳农业节水技术和提高节水技术采纳程度。

第三，对京津冀农户农业节水政策接受意愿开展了实证研究。根据国家在治理农业用水措施上的研究及实践，将农业节水政策工具分为 3 类，分别是：命令控制型措施、经济激励措施及自愿参与措施。采用选择实验法，根据专家建议，设计一些政策情景，分析农户对农业节水各种治理措施的接受意愿。根据实证研究结果，京津冀三地农户更为偏好一般技术培训和全面技术支持、安装节水设施这类"正向激励措施"，而通过强制限制、收取水费等"负面约束措施"则不利于调动农户参与节水活动的热情。因此在完善农业节水政策时，要加强农户在农业节水方面的技术支持和培训，充分发挥技术支持在农业节水中的激励作用。另外，京津冀地区农户生产用水行为是在自然环境、农户自身特征、政府制度多种因素交互作用下形成的，根据三地农户分区域研究结果，可以看出三地农户对不同农业节水政策存在显著的偏好差异，影响因素差异也较大。

　　本书是国家自然科学基金青年项目"基于农户技术采纳视角的农业节水政策研究——以京津冀地区为例"（71603030）的研究成果，并得到了北京市农林科学院乡村振兴研究中心项目（KJCX201913）的支持。在项目研究过程中，作者切身感受到了发展节水农业的紧迫性和重要性，希望通过优化农业节水政策调节农户行为以达到促进农户主动节水的目的，为相关政府部门决策提供一定的理论借鉴和实践参考。由于作者学识有限，本书难免存在不妥和错误的地方，恳请读者批评指正，衷心希望能够与各界同人共同探讨农业节水问题，为生态文明建设做出应有贡献。

目　录
CONTENTS

1 导论

1.1 选题背景和研究意义

日益严重的水资源短缺已成为制约我国社会经济发展的突出问题，尽管我国政府实行了最严格的水资源管理制度，但水资源数量减少和质量下降的趋势并未得到有效控制。2020 年，我国人均水资源量为 2239.8m³，仅约为世界平均水平的 1/4，控制用水总量、提高用水效率是各行业实现量水发展的必由之路。

水是农业生产的重要投入要素。在各部门间用水的激烈竞争中，虽然农业用水比例从新中国成立初期的高达 97% 降至 2020 年的 62.14%，但长期以来农业作为我国的第一用水大户，一直承受着水资源紧缺和灌溉用水保障的双重压力。农业用水对于水资源的可持续利用和粮食安全具有重要影响，引起政府的高度重视。近年来，我国大力发展了诸多形式的农业节水灌溉工程，农业节水工作成效显著，农田灌溉技术变革所要求的技术条件已经基本具备，某些研究成果甚至在世界领先。然而在实际生产中，我国农业用水浪费现象仍十分严重，节水设施利用率低下、农业用水管理不到位、农户节水积极性不高等问题普遍存在，造成我国农业灌溉用水的利用效率仍较低。据中科院王金霞（2012）研究，目前我国农业灌溉水有效利用系数为 0.51，而英国、德国、法国、匈牙利和捷克等国家灌溉水有效利用系数在 0.7~0.8，如果将全国已建成灌区灌溉水利用系数提高 10%，则每年可节约水量约 360 亿 m³，农业节水的潜在收益巨大。

一般来说，影响水资源配置效率的 3 个因素分别是水资源状况、节水技术与政策制度（李全新，2009）。水资源具有自然禀赋性质，而节水技术能否真正应用于实际农业生产中，既取决于农民采纳技术的行为与结果，同时也需要相应的制度安排与政府政策激励。在资源和技术水平既定的前提下，影响农户节水行为的外部条件主要是政策制度，在于政策制度安排形成怎样的"约束"与"激励"。农业节水是一项复杂的系统性工程，需要社会各界的广泛支持和配合，本书主要基于以下两方面考虑：

第一，农户的生产决策与技术选择行为直接决定农业生产对水资源环境的影响。作为生产经营的主体，农业生产者的积极参与至关重要。此外，农户是技术使用的主体，节水技术的研发与推广都应以满足农户需求为目的；农户还是政策落地的依托群体，节水政策的效果和农业节水目标的顺利实现取决于农户对农业节水政策的接受意愿。可以说，任何有效的保护性政策和推广计划都必须依赖于农民的实施（Namatie Traore et al.，1998）。当前，我国农业生产仍然以小规模农户经营为主体，农户作为农业经营主体，是农业生产资源的占有者和使用者，尤其是党的十七届三中全会明确赋予农民长久不变的土地承包经营权，农户几乎可以完全自主决定其农业经营范式和技术。因此，农户在其农业生产决策与相应的技术选择过程中是否具有节水意识，是否选择使用节水型农业技术将对生态环境产生不同影响。

第二，我国现行的政策与制度安排在激励农户方面有待进一步完善。近年来，运用管理、制度和政策的手段来建设节水型社会逐渐得到了我国决策者的高度重视。《中华人民共和国国民经济和社会发展第十三个五年规划纲要》中提到：加强水资源管理，从注重水资源开发利用向水资源节约、保护和优化配置转变。加强水资源统一管理，统筹生活、生产、生态用水，做好上下游、地表地下水调配，控制地下水开采。完善取水许可制度和水资源有偿使用制度，实行用水总量控制与定额管理相结合的制度，健全流域管理与区域管理相结合的水资源管理体制。2016 年中央一号文件提出，要稳步推进农业水价综合改革，实行农业用水总量控制和定额管理，建立节水奖励和精准补贴机制，完善用水权初始分配制度等；2016 年 2 月，国务院办公厅印发《关于推进农业水价综合改革的意见》。2019 年，国家发展改革委和水利部联合印发《国家节水行动方案》，提出要高度认识节水的重要性，大力推进农业、工业等领域节水，提高水资源利用效率。然而，现阶段总体来说，我国在节水技术推广中主要采取"自上而下"的方式，忽略了对技术推广效果以及农户自身技术采纳行为的研究，而且出台的关于节水农业发展的政策框架和纲要多处于试点探索阶段，具体的实施方案还不明确，面临着很多困难和挑战。

综上，摸清农户对于不同治水手段的接受程度和可能反应，发挥农户主体性作用，引导农户自觉主动实施农业节水行为，是政府未来设计节水政策时必须考虑的核心问题。本书试图基于农户的视角，以京津冀地区为例，从微观主体入手对农业节水问题进行深入研究，系统分析农户农业用水和节水技术推广现状，探索影响农户节水技术采纳行为的关键因素，定量评价农户在不同政策情景下减少农业用水的意愿，量化节水政策组合中各项政策措施的优先序；在此基础上研究设计合理的政策机制，探讨适宜于农业实际生产，更具有长期性、稳定性和可操作性的水资源管理模式，引导农户使用高效节水技术。这对政府制定有效合理的农业节水政策、缓解水资源紧缺和实现农业可持续发展具有重要的现实意义和政策价值。

1.2 主要研究内容

本书的研究逻辑框架为：水资源紧缺为农业节水技术发展提供了需求空间和动力，而作为农业生产经营主体的农户在农业生产中的技术采纳行为是节水技术能否真正落地发挥作用的关键。因此，要让农户采用提高水资源利用率的节水灌溉技术，需要摸清农户对现有农业政策的实际接受情况，从而对农业水资源管理制度安排做出相应调整，使之与农业节水技术的要求相适应。另外，本书以京津冀地区为例，主要有以下原因：一是京津冀地区是我国水资源严重超载地区之一，以不到全国2.3%的土地面积和0.7%的水资源承载了全国8%的人口和11%的经济总量，是我国水资源环境严重超载地区之一。京津冀用水总量中农业用水长期占到60%以上，与高收入国家43%的平均水平存在较大差距，需要对农业用水进一步加强管理、精确控制，具有典型地区代表性。二是北京、天津和河北的经济社会水平存在较大差异，在进行抽样问卷调查时，可以涵盖不同层次的农户，能够满足本书的研究需要。三是京津冀地区长期以来比较重视节水农业的发展，节水农业工作已经有一定的基础,如北京 2014 年印发了《关于调结构转方式发展高效节水农业的意见》,河北省衡水市桃城区全国首创"提补水价"节水机制等,为本书研究提供了较为丰富的前期研究资料。四是在"京津冀一体化,农业先行"的大背景下,本书对促进京津冀农业协同发展有一定的现实价值。

1.2.1 京津冀地区农业用水问题研究

一是开展京津冀地区农业用水现状分析。利用京津冀地区的相关统计资料,定性分析与定量分析相结合,全面准确地评价地区内水资源的条件、时空分布特征及演变趋势,从自然因素和社会因素两方面对地区内不同的水文地理条件、现有的农田灌溉状况和生产情况进行深入的研究,作为农业用水效率、农户节水技术采纳行为和政策接受意愿研究的现实基础。二是开展京津冀地区农业全要素用水效率及影响因素分析。采用投入导向型且规模报酬不变的 SBM-DEA 模型对京津冀地区农业全要素用水效率进行测算,从时间角度分析农业用水效率的年际变化趋势,从空间角度分析北京、天津和河北之间农业用水效率的地区差异。根据区域的自然气候条件、农田灌溉设施、作物种植结构、农户农业劳动力数量、农户受教育程度等因素特征,借助于面板 Tobit 模型探求不同区域农业用水效率存在差异的原因。三是长期以来我国农业用水效率低下的内在机理分析。结合上述研究成果,从社会文化、制度环境、经营方式、资源配置等层面剖析我国农业用水效率低下的成因,明确农业节水技术的推广应用必然要求建立相应的制度安排,为本书奠定理论基础。

1.2.2 农户农业节水技术采纳行为研究

沿着农户对农业节水技术的"认知→选择意愿→采纳决策→采用程度"这一完整的动态过程,构建农户节水技术采纳行为分析框架,此部分研究结果可以为政府节水政策制定和制度创新提供理论和实证依据。一是分析农户对农业节水技术的认知。运用京津冀地区历年区县统计资料,结合部门访谈、抽样问卷调研和典型案例调查,梳理京津冀地区 3 种农业节水技术的应用现状,了解农户对不同农业节水技术的认知情况。二是实证研究农户对农业节水技术的选择意愿。采用结构方程模型探索不同因素对农户节水技术采纳意愿的影响及其内在机理，从而了解农村节水技术使用现状，把握农户采用节水技术的规律。三是农户农业节水技术的采纳决策和采用程度分析。根据实地调研数据，研究不同个人特征农户户主及不同家庭特征农户的节水技术采纳决定和采用程度，并进一步分析其影响因素。

1.2.3　农户农业节水政策接受意愿实证研究

一是构建基于农户接受意愿的政策选择模型。评价非市场环境公共物品的方法主要有两种：显示性偏好（Revealed Preference，RP）技术和陈述性偏好（Stated Preference，SP）技术。显示性偏好技术需要利用相关市场的一些信息来进行价值估算，陈述性偏好技术主要利用人们对一些假想情景所反映出的支付意愿（WTP）来进行环境物品价值估计。本书重点希望了解农户的接受意愿，因此拟采用陈述性偏好技术。从当前的研究来看，陈述性偏好技术主要有两类：条件价值评估法（CVM）和选择实验法（CE）。条件价值评估法只要求被调查者做单一选择，通常只能解决一种环境变化状态所引起的福利变化；选择实验法则给被调查者提供不同属性状态组合而成的选择集，让其从中选择自己最偏好的替代情景，据此可以对不同的属性状态做出损益比较。与条件价值评估法相比，选择实验法在获取信息量、估计环境物品属性状态的变化范围等方面都具有独特的优势。农业节水政策涉及多种水资源管理手段，本书拟采用选择实验法（CE）定量评价农户对不同农业节水政策的接受程度。二是确定农业节水政策选择集。根据已有的文献研究，借鉴国外有关节水方面的政策和我国关于农业节水的政策纲要及指导意见，结合我国农业生产的实际情况，参考影响农户节水技术采纳行为的相关因素，构建选择模型法中的政策选择集，拟包括节水工程支持、农业节水奖励、灌溉用水计量收费、设施运行管护、土地流转等方面。然后在专家咨询、小组讨论和预调查的基础上确定政策选择集中不同政策手段的状态水平，最后采用部分因子正交试验设计（Orthogonal Fractional Factorial Experimental Design）确定选择实验法的备选方案。三是开展农户节水政策接受意愿的测度与分析。基于政策选择集设计调研问卷，对京津冀地区农户分层随机抽样，开展入户问卷调查。通过调研数据，采用多项式 Logit 模型（Multinational Logit Model，MNL）分析农户对于不同节水政策的状态水平组合在减少灌溉用水量上的反应，测算农户对不同节水政策的接受程度，量化节水政策组合中各项政策措施的优先序。

1.2.4 激励农户采纳农业节水技术的政策优化路径分析

通过对农户节水技术采纳行为的分析，结合农户农业节水政策接受意愿的实证研究结果，选择合理干预点，分析不同政策组合方案下的政策效果，优化政策选择，研究设计合理的激励机制以引导农户选择高效节水灌溉技术。

1.3 研究目标

拟通过对农户节水技术采纳行为和节水政策选择意愿的研究，构建更为科学合理的农业节水政策框架，激励农户积极采纳农业节水技术，进而提高我国农业用水效率。具体的目标包括：

（1）测算京津冀地区农业全要素用水效率，研究影响农田灌溉用水效率的关键因素。

（2）构建农户节水技术采纳行为分析框架。

（3）评估农户对不同农业节水政策手段的接受意愿和优先序。

（4）提出促进农户采纳节水技术的制度设计和政策建议。

1.4 研究方法

1.4.1 文献查阅

查阅国内外相关书籍、期刊、报纸、公文等文献资料，检索国内主流中文电子文献数据库及国际权威外文电子期刊库，浏览相关部门的官方网站，获取研究论文、研究报告、工作汇报、统计资料、政策文件、发展规划、实施方案、新闻报道等与农业节水相关的研究资料。

1.4.2 实地调查

包括部门访谈和入户问卷调研两种形式。为掌握农业用水情况，了解节水农业发展的工作思路与政策导向，需要走访相关政府部门，制定节水政策选择集时也要对农业、水务等主管部门和领域专家进行深度访谈。另外，根据研究需要，设计调查问卷，对京津冀地区农户开展入户问卷调查，为实证研究提供数据支撑。

1.4.3　数理分析法

分析京津冀地区农业全要素用水效率及影响因素时，构建超效率 SBM-DEA 模型和面板 Tobit 模型。在农户节水技术采纳行为研究方面，构建 Logistic 回归模型和 Double-Hurdle 模型；在农户节水政策接受意愿研究方面，构建选择实验（CE）模型。

1.5　可能的创新点

与以往研究相比，本书可能的创新之处体现在以下 3 个方面：

1.5.1　基于过程角度分析农户节水技术的采纳行为及影响因素

目前国内关于农户技术采纳行为，特别是农业节水技术采纳行为的研究多集中于采纳意愿和选择意愿方面的研究，忽略了将农户技术采纳行为作为一个完整动态过程进行考察。本书在了解农户技术采纳意愿的基础上，运用 Double-Hurdle 模型进一步探讨农户节水技术的采纳决定和采纳程度，使得研究能够更准确地剖析农户真实的节水技术采纳行为及其影响因素。

1.5.2　运用选择实验法研究农户对不同节水政策手段的接受意愿

我国传统上的治水理念是基于供给面的管理思想，从已有的文献来看，有关农业节水政策方面的研究也很少涉及农户的接受意愿，实证的定量研究则几乎没有，并且大多只是针对单一政策手段进行研究。本书采用选择实验法，构建农业节水政策选择集，根据实地调研数据量化农户对不同政策手段的接受意愿，在方法上具有一定的创新性。

1.5.3　探索"农户技术采纳行为"与"节水政策"之间的制度逻辑

本书从农户技术采纳行为入手，在实证研究的基础上，试图探索设计更为合理的节水政策机制，跳出了仅仅立足农户微观行为的研究范式，由微观研究向微观与宏观结合研究转变，研究视角更为宽广。

② 相关理论基础及国内外文献回顾

2.1 相关概念界定

2.1.1 农户

农户是本书关注的基本单元。农户的概念本身比较明确，是农村社会经济中最基本的组织单位，是农民生产、生活、交往的基本单元（翁桢林，2008）。农户是中国农业生产的基本经营单位，尽管农业经营主体从单一走向多元，新型农户不断涌现，但是中国农业还未发展到必须更换经营主体的时候（陈锡文，2011）。黄宗智（2010）认为即便在未来，小规模的家庭农场也会长期延续下去，这既是出于中国独特的制度环境，也是出于小规模农业在种植和养殖方面的多重优越性。

本书所研究的农户是指独立的生产经营主体，其生产行为符合如下两个假说：①农户是"理性经济人"，即能在特定的制度环境、资源约束环境下做出最有利于实现利润最大化的决策；②农户是独立的生产经营者，自主经营，自主决策，自己承担市场风险，从资源利用上看农户追求的是效用最大化。

2.1.2 农户技术选择

农户的技术采用行为是指农户为了满足某种需要，改变传统的技术、习惯以及思维方法，采用新技术、新技能、新方法、新观点的决策和行为。根据 Hayami 和 Ruttan（1971）的要素稀缺诱致性技术创新假说，农户做出技术选择的动机来自要素价格差异，农户倾向于选择节约稀缺要素的生产技术，以获得要素投入、边际收入的最大化。在传统农业经济研究中，农业生产最为核心的两类要素就是土地和劳动力，农户技术选择的目的要么是节约劳动力，要么是节约土地，较少将其他自然资源或环境损害纳入生产要素的范围。

一般来说，农户技术选择行为具有如下特征：一是多样性，即农户面对的农业技术种类众多，既可以按照一揽子的方式综合采用，也可以独立地采用个别农业技术；二是动态性，体现出不同农户对新技术的学习和了解过程以及不同农户对新技术采用中的各种限制问题的克服；三是风险性，农户选择新技术在可能得到收益的同时，也必然面对各种风险，农业生产的特殊性使得农户不仅要面对不利的自然条件，还要面对各种社会和经济的不确定性；四是周期性，即农户采用技术从接受、成长到成熟，一直到放弃，然后再到采用更新技术的过程。

2.1.3 农业节水技术

发展节水型农业是 21 世纪我国从根本上摆脱水危机、确保农业可持续发展的必然选择。长期以来，我国农业灌溉用水大多采用旧的灌溉方式，主要为漫灌和沟灌，灌溉水的有效利用率远低于发达国家。农业用水过程一般包括 4 个环节，即灌溉水源取水、水源至田间输水、田间灌溉和农作物吸收水分，各环节有不同的农业节水技术，如降雨径流集蓄、渠道防渗及管道输水、喷滴灌、秸秆覆盖等。广义的农业节水技术是根据作物需水规律及气候自然条件，最大程度提高利用降水和灌溉水效率，获取最佳的农业经济效益、社会效益、生态环境而采取的多种高效用水的灌溉方法、技术措施和制度的总称。狭义的农业节水灌溉技术是减少在输水和配水过程中出现渗透蒸发损失和在田间灌水过程中出现的深层渗漏损失，提高灌溉效率，使更多的灌溉水能达到田间地头的工程措施的总和。

本书所述的农业节水技术是狭义的节水灌溉技术，指区别于传统的大水漫灌方式，采用国内外的高、新节水技术，主要包括地面灌溉技术、地下灌溉技术、渠道防渗技术、管道输水技术和设施化灌溉技术等。

2.2 理论基础

2.2.1 农户行为理论

在农村地区，农民从事农业生产和经济活动需要做出决定，这就涉及农户行为问题。在西方发展经济学中，对农户行为理论的研究主要有 3 个流派：一是以苏联经济学家恰亚诺大（A. Chayanov）为代表的组织与生产学派，认为农户生产的目的是以满足家庭消费为主，追求生产的最低风险；二是以美国经济学家舒尔茨（T. Schutlz）为代表的理性小农学派，认为农户作为理性的经济人，在满足一定的外部条件下，能够合理使用和有效配置其现有的资源，农业生产以追求利润最大化为目标；三是以美籍华人黄宗智为代表的历史学派，针对新中国成立前中国农业发展的研究，提出农户行为目标是追求效用最大化。研究农户生产行为的农户模型最早由恰亚诺夫建立，研究了农户对劳动力在工作与休闲之间的时间分配行为，随后美国经济学家贝克尔（G. Bacher，1965）在其基础上提出了贝克尔农户模型，指出农户生产行为是根据成本最小化原则进行决策，以此确定生产要素的投入。Sing、Squire 和 Strauss（1986）进一步将收益效应（Profit Effects）引入了农户模型，认为农户在追求效用最大化的过程中，受到生产限制、时间限制和现金收入限制，即农户的产品需求及对生产资料的需求受产品本身价格、其他产品价格、工资和其他收入的影响，农户可以采用多种方式来实现其效用最大化目标。

农户模型中有关农户生产行为的研究表明：农户的农业生产决策以其产出或收益最大化为目标，并据此确定其生产中各要素的投入量，并未考虑农业生产中农业投入品的不适当使用所造成的社会成本，既浪费了农业生产资料（如水资源），又造成环境破坏（地下水超采等）。我国农村实行家庭联产承包责任制后，农户的生产经营主体地位得以重新确立，拥有了土地使用权和其他基本生产资料，有了独立的经济利益，这为农户自主配置资源提供了持续的动力机制（胡豹，2004）。

2.2.2　外部性理论

自 1910 年马歇尔提出外部性这一概念后，很多经济学家对外部性进行了定义。鲍莫尔和奥茨（Baumol and Oates，2003）认为外部性是一方对另一方的影响且涉及那些未支付的效益和损失，并区分了公共外部性（public externalities）和私人外部性（private externalities），拓展了外部性的范畴。斯蒂格利茨（J. E. Stiglitz，2000）认为外部性就是未被市场交易包括在内的额外成本或收益。曼昆（Mankiw，2000）认为外部性是一个人的行为对他人福利的影响。大多数经济学家用效用函数和生产函数来对外部性进行定义，如布坎南认为外部性是指某个人的效用函数的自变量中包含了他人的行为。萨缪尔森和诺德豪斯（Samuelson and Nordhaus，2004）认为外部性是指那些生产或消费对其他团体强征了不可补偿的成本或给予了无须补偿的收益的情形。

根据外部性对受影响者的效用看，外部性可分为正的外部性（外部经济）和负的外部性（外部不经济）。当外部性对其他人的影响是有益的，则被称为正的外部性；当外部性对其他人产生不利影响时，这种外部性被称为负的外部性。农业用水具有典型的外部性：一方面，农业用水行为和结果具有负外部性效应。例如，农业生产中，农户过量使用水资源，造成地下水超采，地面沉降，而这种环境成本则是由所有人承担的，从而形成生产者的私人边际成本与社会边际成本不一致。用水者不用承担外部性这一成本，使得农民在做生产决策时往往没有动机去考虑这种会强加到其他人身上的环境成本，也就使得生产者按利润最大化原则确定的生产产量与按社会福利最大化原则确定的产量严重偏离，导致对水资源的过度利用。另一方面，农业节水行为和结果具有正外部效应。农业节水行为带来的收益往往使整个区域环境优化，使得集体受益。例如，农户通过农业节水减少了水资源的浪费，从而保护了稀缺的淡水资源，节约的水既可被其他动植物用于生长需要，也可调节气候、涵养水源、保持水土等，产生了溢出的外部效应，使没有采纳节水灌溉的其他人享受到了这些好处，但却无法向其收费。由于农户这种环境友好型生产行为，一般很难或无法得到相应的激励和补偿，而且存在"搭便车"现象，使得节水者的边际私人收益小于社会边际收益，农民往往没有持续节水的动力。

2.2.3　庇古理论和科斯定理

沿着外部性理论，产生了两种政策思路。第一，建立在庇古理论上的政策干预理论，美国福利经济学家庇古（Pigou，2009）认为，商品生产过程中，生产者只关心其生产成本，而不考虑由于其生产过程产生的污染而造成的社会成本，因此存在企业的私人成本与社会成本不一致的现象。庇古称这一差额为边际净社会产品与边际私人产品的差额，且这一差额不能通过市场自行消除，必须实施政府干预。政府可以通过收费或征税的办法，将环境成本加到产品价格中去，促使外部成本内部化，使社会产出维持在边际收益等于边际社会成本的有效产量上，以达到社会资源的最优配置。对于农业节水的政策治理，庇古理论在实践中的应用主要表现为农业水价、补贴等一系列以政府干预为主题的节水治理政策。

第二，与庇古理论相对的治理思路是反对政府直接干预，通过市场之手解决外部性问题。这一思路来源于科斯（Coase，1960），他研究了社会成本问题，提出外部性问题可以通过协商机制解决。在科斯之前，西方经济学家认为，只有在完全竞争市场上，市场机制才能起作用；如果存在外部性等影响市场竞争的因素，那么将会出现市场失灵，无法导致资源的最优配置。而科斯定理的出现则进一步强调了市场的作用，科斯不主张政府利用收费或补贴等手段进行干预，他认为，在交易费用为零或很小的情况下，只要产权界定清楚，无论交易的哪一方拥有产权，都能通过双方之间的谈判使资源配置达到帕累托最优状态。这就为解决农业用水问题提供了新思路，即可转让的水权制度等。

2.2.4　成本收益理论

成本收益分析是政府监管分析的一项重要工具，其将待评估的政府监管政策可能产生的收益和成本用货币单位量化，为政策决策者提供一个清晰明确的指引；通过综合运用经济学的分析方法，对法规或政策可能对经济、社会、环境产生的影响，进行成本、收益量化或者货币化的一种分析评估方法，其实质是预测法规实施后产生的社会总成本、总收益和净收益，从而提高政府监管的效率。

农民减少农业水的使用，节约了水资源，保护了生态，可能因节水造成部分产量的丢失，如果农民的所得不能覆盖其所失时，这种状况是不可能持续存在的，农民在节水中所产生的收益在大多数情况下不能弥补减少农业用水所造成的产量下降对应的收益减少。另外，新的节水措施的实施所增加的成本在大多数情况下大于节水减量带来的成本减少。这时，就需要农业节水制度的创新，保证农民的收益，激励农民继续采用有利于节水的生产方式，使农业节水走向可持续发展道路。

2.3 相关文献回顾

2.3.1 有关农户节水行为的研究

在很多国家，农业技术机构积极发展新技术来满足农户的需求，但许多农业新技术却不被农民所认可。参照相关研究（Feder et al.，1985；Gershon，1985），可以把影响农业技术采纳的因素分为：农业技术本身的特征；农民个人禀赋；家庭经营特征；自然环境和制度环境。国外对农业节水灌溉技术采纳行为及其影响因素的实证研究主要集中在美国加州、以色列和约旦。理论研究将影响灌溉技术的因素总结为两方面：一是农户基于利润最大化原则选择竞争性的灌溉技术，高水价和排水税促使农民使用节水技术使得生产成本最小化（Caswell，1991），相比大水漫灌，喷灌、滴灌等现代化灌溉技术可提高作物产量。二是农业节水的供给方即农业节水技术推广组织以及私有灌溉设备公司降低了农民采用农业节水技术的交易成本（EL-Hurani，1985；Barghouti and Hayward，1989）。国内学者对农户农业节水技术选择影响因素的研究主要集中在太行山前平原区、黄河及海河流域等地。韩青和谭向勇（2004）区分出粮食作物和经济作物在灌溉技术选择中表现出明显差异；王绪龙等（2008）研究发现，户主年龄及其教育水平对其节水技术使用意愿有显著影响；陈崇德等（2009）指出农户水资源配置的选择，是一定经济制度约束条件下，农户追求自身利益最大化的理性行为；刘国勇和陈彤（2010）研究发现，农户对节水重要程度的认识等因素显著影响着其是否会主动采取节水灌溉技术；元成斌和吴秀敏（2010）研究指出，户主的文化程度、家庭人均纯收入等与农户采用意愿有显著的正向关系；李俊利和张俊飚（2011）测算显示，水资源短缺程度、政府补贴以及水费计量方式等因素显著影响农户节水行为；冯颖（2013）研究得出，户主年龄、农户对农业节水的认识及对节水灌溉设备补偿的满意度、土壤质地、农业水费征收方式对农户使用节水技术的意愿有显著影响；刘一明等（2011）分析了单一水价与超定额累进加价两种水价政策对农户用水行为的影响；杜威漩（2012）构建了农户用水行为的制度影响模型，分析了我国农业用水制度安排的不完善之处及其对农户用水行为的负效应。

2.3.2 有关农户环境友好型农业技术采纳行为研究

自"绿色革命"以来，集约化的现代农业生产虽然满足了世界对粮食的需求，但同时也造成了水体污染、土壤退化、物种灭绝等一系列环境问题，引发了经济学界对农户环境友好型农业技术采纳问题的研究。环境友好型技术主要包括预防型和末端治理型两大类，其中预防型技术主要从提高农资使用效率、减少无谓流失入手，主要包括节水、节药、节能等技术以及各类生物技术（夏成，2013）。

国内外学者对农户环境友好型技术采纳行为的研究大多以某个特定地区的实地调研数据为基础，运用数理模型和统计方法对影响因素及决策行为进行分析，通常涉及农户户主个人特征、家庭特征、信息获取和外部环境4个方面。

在农户户主个人特征因素中，农户户主的年龄（Thangata et al.，2003；Thirtle et al.，2003；Rahman，2003；孔祥智，2004；姜明房，2009）、性别（Bonabana Wabbi，2002；Doss et al.，2001；宋军等，1998；元成斌，2010）、受教育程度（Ervin，1982；Feder，1985；Warriner et al.，1992；Weri，2000；黄季焜等，1993；顾俊，2007；冯颖，2013）、耕作经验（Rahm et al.，1984；Clay et al.，1998）、风险偏好（Fernandez Comejo et al.，1998；马骥等，2007；李佳怡，2010；刘岩峰等，2013）对农户新技术采纳行为具有显著影响。

在农户家庭特征因素中，国内外学者大多认为农户家庭种植规模对农业新技术的采用会产生正面影响（Grieshop et al.，1988；Lee，2005；廖西元，2006；王志刚，2007；徐世艳等，2009），家庭收入也是影响农户新技术采纳与否的重要因素（Caswell，1985；Abdulai，2005；陆文聪，2011）。另外，宋军等（1998）研究得出，兼业化程度高的农户往往会选择先进技术和小型技术；李光明等（2012）基于新疆农户的调研数据发现，家庭非农收入占比与农户对先进农业技术的采纳呈正相关关系。

在信息获取方面，Rahm（1984）通过实地调研分析得出信息获取与农户可持续农业生产技术采用之间存在着正向相关。Dimara（2003）研究指出，农户获取的信息量和信息获取能力显著促进农业新技术的采纳。Isham（2002）把社会资本纳入到技术采纳决策的模型中，发现与村民交流频繁、社会资本水平越高的农户采纳新技术越主动。高雷（2010）调研了新疆膜下滴灌技术采纳情况后研究得出，与村里左邻右舍相处很好、与其他村里人接触多的农户采纳节水技术的比例高。许朗等（2013）利用山东省蒙阴县的农户调查资料，得出农户对节水灌溉技术的认知程度是影响其选择行为的重要因素，政府对节水灌溉技术的宣传力度越强，农户越倾向于选择节水灌溉技术。

外部环境主要包括技术培训、农业技术推广及贷款的可获得性等方面。Ariel Dinar 等（1992）定量研究了以色列滴灌、移动式喷灌等7种灌溉技术的放弃和采纳过程，表明政府对灌溉设施的补贴对新技术的扩散有显著影响。刘红梅等（2008）研究得出，培育用水者协会、加大财政扶持等能促进农户采用节水灌溉技术。高雷（2010）调查发现，参加过技术培训和与农业推广部门接触次数多的农户采纳膜下滴灌技术比例高。李佳怡（2010）通过对西北干旱半干旱地区377个农户的调查数据分析，结果表明在农技中等水平地区，农户采用新技术行为易受培训次数以及农区自然条件影响。孙伟等（2011）认为农户选择节水灌溉技术与政府财政支持呈正相关关系，与技术培训负相关。

除此以外，影响因素还包括作物特性和耕地质量（Green，1996）、自然条件（Schuck et al.，2005；韩青等，2004）、技术价格（冯颖，2013）、政府补贴（蔡亚庆等，2012）等。

2.3.3 有关农业节水的机制与政策研究

农业节水技术的采用具有正的外部性，因此往往需要一定的政策干预才能促使农户的用水行为发生改变，政策制定者和研究者也在不断探索有效的政策干预手段与相应的制度安排。John J. Pigram（1999）研究指出，政府调控与监管是提高水资源利用效率的必要手段，政府需要完善相应制度安排，设计节水激励机制。Luiz Gabriel（2005）认为水作为一种稀缺资源，其使用必须建立在经济激励机制基础上。Glenn D. Schaible（2000）研究指出，合理的节水激励政策和配套政策组合既能最大限度地节约用水，又能显著提高农户的农业收入，政府需要设计合理的节水激励机制，激励农户采用先进节水技术。国内学者姜文来（2001）研究提出，运用经济杠杆建立农业节水灌溉经济激励机制。韩青（2005）研究得出有效的激励机制可以增加农户选择先进节水技术的预期，从而增加节水灌溉技术供给。

价格手段是很多国家近几年来采取的主要调控措施。Rogers（2001）等从水价政策的角度分析了政府部门怎样利用水价提升用水效率与体现公平，并分析了水价的合理补偿机制，指出灌溉用水价格机制是提高水资源利用效率和体现公平的最好方式。Gleick Peter（2003）认为水价过低抑制了高效用水的激励，指出价格机制能够鼓励农户节约用水。Contor 等（2008）认为水价上涨政策是一种减少农民灌溉用水量的有效激励，对收入不会产生巨大的不利影响。李艳等（2005）从博弈论的角度分析了水价与节水灌溉之间的关系，指出水价的提高激励了节水技术的采用，同时应通过财政手段，以农业补贴或其他形式补偿农民因水价提高的成本。赵连阁等（2006）利用线性规划方法，对水价政策可能的经济、社会和环境效果进行了模拟。

与此同时，国内外众多研究表明建立水权制度可促进用水主体节水，提高水资源使用及配置效率。Burness H. Stuart（1980）认为水权交易的收益能够激励农户减少农业用水。Hamilton（1989）提出建立可交易的水权制度能够激发节水灌溉技术的采用且可提高用水效率。Alberto（2000）对西班牙南部地区内部水权转换进行了研究，发现中小规模农户从水权市场受益较大，可以有效减少农户风险。殷德生（2001）论述了黄河水权制度安排存在缺陷，应清晰界定水权，并引入市场机制，发挥价格机制的市场调节作用。段永红等（2003）提出对农业初始水权进行配置后，应建立市场机制，实现农业用水使用权的有偿转换，从而促使用水者因节水获益进而进一步节水。葛颜祥等（2003）从理论上对比研究了提高水价、水权限制和可交易水权3种水权制度下的农户用水行为。陆益龙（2009）指出水权水市场制度是一种自律和自动调节机制，在激励用水主体自觉节约水资源的同时，也能调节稀缺的水资源在用水效率高低各异的不同部门之间进行合理配置。

在农业节水政策研究方面，刘国勇等（2010）则认为农业节水技术补贴政策的作用效果不明显。刘亚克等（2011）对黄河流域和海河流域开展了3轮的跟踪调查，研究发现政府的农业节水技术推广政策和示范村政策在促进节水技术采用中发挥了积极的作用。王金霞（2012）认为用水者的行为调整主要是通过运用经济激励与诱导政策、节水技术创新及用水者的组织与管理制度创新等措施实现，水资源管理理念应从"以需定供"向"以供定需"转变。陈煌等（2013）在对我国6省大规模实地调查的基础上，发现相对于抗旱预警和防汛信息，技术、物质或资金方面的政策支持提供的力度则很小。李玉敏等（2013）指出国家在制定政策设施时，应该考虑到农民的反应，通过趋利避害来合理有效地缓解目前面临的水资源短缺状况。

2.3.4 相关研究述评

综上所述，国内外学者围绕农业节水问题开展了较为深入的理论和实证研究，为本书奠定了坚实的研究基础，但仍存在下述问题：

（1）对农户节水技术采纳行为动态过程的研究相对较少

目前对农户节水技术采纳行为的研究主要围绕在农户选择或采纳技术的意愿及影响因素方面，将农户节水技术采纳行为看作一个完整的动态过程而开展的研究不多。在实际生产中，农户决定采纳节水技术以及最终决定在多大程度上使用节水技术是一个复杂的心理过程，如果只是单独对农户节水技术选择意愿或采纳意愿进行研究，得出的结论可能比较片面。因此，需要对农户技术采纳的每个阶段及影响因素予以剖析，提高研究结论的科学性和严密性。

（2）对我国农业节水政策的系统性研究有待进一步加强

现有对农业节水政策的研究大多只是针对单一政策手段进行探讨，对包含水权制度、定额管理、水价改革、政府补贴、技术培训等诸多措施在内的农业节水政策综合体系的研究较少。另外，虽然早期文献探索了农户对某项节水政策的接受意愿，但在当前建设美丽乡村的新形势下，农户行为也发生了一些新的变化，有必要了解现阶段农户对不同节水手段的接受程度，从而增强农业节水政策的可操作性。

（3）将农户行为纳入农业政策机制分析框架的研究还比较薄弱

当前已有的研究要么集中于农户节水技术采纳行为及影响因素等微观层面，要么侧重探讨农业节水政策的必要性及激励手段等宏观层面，较少有基于全局视角统一考虑政府指导、市场引导和农户意愿的逻辑框架。事实上，虽然农户技术采用行为及影响因素是农业节水技术能否得到推广应用的关键，但是用水者的行为调整主要通过制度安排与政策措施来实现，因此需要从更宽广的视角将"用水行为"与"政策环境"联系起来对农业节水问题进行系统研究，探索对农户节水技术选择起关键作用的政策机制及内在机理。

③ 京津冀地区水资源特征及农业用水效率测度

3.1 京津冀地区整体水资源概况及其特征

3.1.1 京津冀地区水资源概况

我国水资源总量列世界第6位，但人均和亩均水资源占有量分别仅为世界平均水平的28%和50%（温胜芳，2017）。我国淡水资源十分稀缺，人均淡水资源占有量仅为世界平均水平的1/4，包括北京、天津在内的大城市，全国超过2/3的城市缺水现象十分严重，农村地区还存在饮用水安全问题。农业生产、工业生产等生产部门的快速增长进一步加重了水资源问题。

京津冀地区包括北京市、天津市、河北省三地，河北省包括石家庄、保定、廊坊、唐山、承德、沧州、邢台、衡水、邯郸、秦皇岛、张家口等11个地级市以及定州和辛集2个省直管市。京津冀地区位于中国华北地区，总面积达218000 km²，属于暖温带大陆性季风型气候。京津冀三地境内主要包括滦河水系和海河水系，其中京津全部位于海河流域，河北省境内大部分位于海河流域，少部分位于滦河流域。全国第一次水务普查公报数据显示，三地共有河流61条、湖泊65个、水库1193座、地下水井425.1万眼。

（1）京津冀水资源特征

我国水资源总量指的是包括地下水和地表水在内的淡水资源总和，如表3.1所示，2000—2019年全国水资源总量处于较大范围的波动中，波峰与波谷交替出现，2000年水资源总量为27700.8亿 m³，2004年处于波谷，水资源总量为 24129.6 亿 m³，近 20 年来水资源总量最低值出现在 2011 年，为 23256.7 亿 m³，2019 年全国水资源总量为 29041.0 亿 m³，与 2000 年相比增长了 1340.2 亿 m³，增长 4.84%，全国水资源总量变化情况表明近 20 年间淡水资源总量整体处于水平波动状态。

从不同区域角度分析，2000—2019 年京津冀地区水资源总量也呈现波动状态，但波峰与波谷出现的年份与全国整体情况不同，波谷出现的年份分别为 2002 年、2014 年（见表 3.1），2002 年京津冀地区水资源总量为 106.8 亿 m³、2014 年京津冀地区水资源总量为 137.9 亿 m³，2019 年京津冀地区水资源总量为 146.2 亿 m³，与 2000 年京津冀地区水资源总量 164.4 亿 m³ 相比减少了 18.2 亿 m³。从数据层面上看，京津冀整体水资源总量波动水平高于全国总体水平，年际波动较大。

表 3.1　2000—2019 年京津冀地区水资源总量特征　　单位：亿 m³

年份	北京	天津	河北	京津冀	京津冀占比（%）	全国
2000	16.9	3.2	144.4	164.4	0.59	27700.8
2001	19.2	5.7	211.2	236.1	0.88	26868.0
2002	16.1	3.7	86.1	106.8	0.38	28254.9
2003	18.4	10.6	153.1	182.1	0.66	27460.2
2004	21.3	14.3	154.2	189.8	0.79	24129.6
2005	23.2	10.6	134.6	168.4	0.60	28053.1
2006	22.1	10.1	107.3	139.5	0.55	25330.1
2007	23.8	11.3	119.8	154.9	0.61	25255.2
2008	34.2	18.3	161.0	213.5	0.78	27434.3
2009	21.8	15.2	141.2	178.2	0.74	24180.2
2010	23.1	9.2	138.9	171.2	0.55	30906.4
2011	26.8	15.4	157.2	199.4	0.86	23256.7
2012	39.5	32.9	235.5	307.9	1.04	29528.8
2013	24.8	14.6	175.9	215.3	0.77	27957.9
2014	20.3	11.4	106.2	137.9	0.51	27266.9
2015	26.8	12.8	135.1	174.7	0.62	27962.6
2016	35.1	18.9	208.3	262.3	0.81	32466.4
2017	29.8	13.0	138.3	181.1	0.63	28761.2
2018	35.5	17.6	164.1	217.2	0.79	27462.5
2019	24.6	8.1	113.5	146.2	0.50	29041.0

资料来源：《中国统计年鉴》。

对比京津冀地区水资源总量变化情况，2000 年北京、天津、河北水资源总量分别为 16.9 亿 m³、3.2 亿 m³、144.4 亿 m³；2019 年北京、天津、河北水资源总量分别为 24.6 亿 m³、8.1 亿 m³、113.5 亿 m³。20 年来北京、天津水资源总量分别增长了 7.7 亿 m³、4.9 亿 m³，河北水资源总量降低了 30.9 亿 m³，天津水资源总量增长速度最快。京津冀三地地理位置相近，水资源总量大多年份波动趋势一致，三地波峰出现的年份如图 3.1 所示，分别为 2004 年、2008 年、2012 年、2016 年，北京在这些年份水资源总量分别为 21.3 亿 m³、34.2 亿 m³、39.5 亿 m³、35.1 亿 m³，天津在这些年份水资源总量分别为 14.3 亿 m³、18.3 亿 m³、32.9 亿 m³、18.9 亿 m³，河北在这些年份水资源总量分别为 154.2 亿 m³、161.0 亿 m³、235.5 亿 m³、208.3 亿 m³。波谷出现的年份约为 2002 年、2010 年、2014 年，北京在这些年份水资源总量分别为 16.1 亿 m³、23.1 亿 m³、20.3 亿 m³，天津在这些年份水资源总量分别为 3.7 亿 m³、9.2 亿 m³、11.4 亿 m³，河北在这些年份水资源总量分别为 86.1 亿 m³、138.9 亿 m³、106.2 亿 m³。京津冀地区属于全国内严重缺水的地区，尤其与 21 世纪初相比，2019 年水资源总量增长速度远低于人口增长的速度，因此在人口密度较大的京津冀地区，水资源严重短缺。

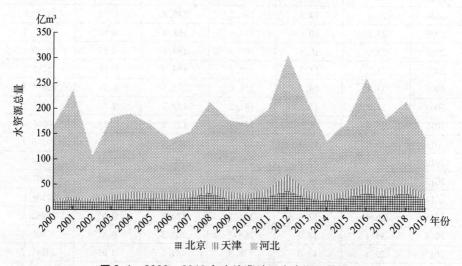

图 3.1　2000—2019 年京津冀地区水资源总量堆积

（2）地表水资源量与地下水资源量

水资源总量由地表水资源量与地下水资源量共同构成，地表水资源量指地表水体的动态水量，用天然河川径流量表示；地下水资源量指地下水中参与水循环且可以更新的动态水量。如图 3.2 与图 3.3 所示，由于自然资源限制，京津冀地区水资源量主要依靠地下水资源提供，这与全国整体情况相悖，全国整体水资源总量主要由天然河川径流提供的地表水组成，2019 年全国水资源总量为 29041 亿 m³，其中地表水资源量为 27993.3 亿 m³，地下水资源量为 8191.5 亿 m³，地表水资源量约占水资源总量的 96%，地下水资源量约占水资源总量的 28%，① 数据表明，我国淡水资源主要依靠地表水提供。但京津冀

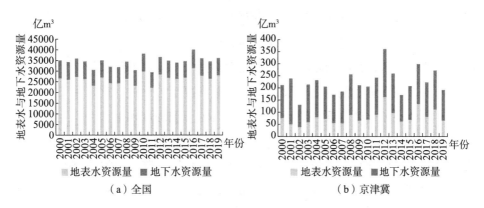

图 3.2　2000—2019 年地表水与地下水资源量变动趋势

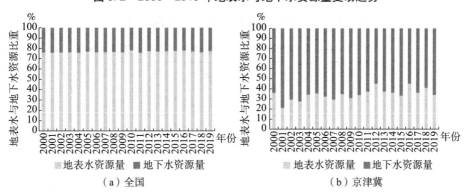

图 3.3　2000—2019 年地表水与地下水资源量百分比

① 还存在地表水与地下水资源重复计算量，指地表水和地下水相互转化的部分，即天然河川径流中的地下水排泄量和地下水补给量中来源于地表水的入渗补给量。

地区有所不同，2019 年京津冀水资源总量为 146.2 亿 m³，其中地表水资源量为 65.1 亿 m³，地下水资源量为 126.7 亿 m³，地表水资源量约占水资源总量的 45%，地下水资源量约占水资源总量的 87%（水资源总量的计算需要减去地表水与地下水资源重复量），因此京津冀地区淡水资源主要来源于地下水，而地下水资源在京津冀地区近些年呈现下降趋势。

从地区角度分析，2019 年京津冀地区地表水与地下水资源与 2000 年相比呈现增加态势（见表 3.2）。2000 年北京地表水与地下水分别为 6.40 亿 m³、15.10 亿 m³，2019 年北京地表水与地下水分别为 8.60 亿 m³、24.70 亿 m³；2000 年天津地表水与地下水分别为 0.62 亿 m³、2.75 亿 m³，2019 年天津地表水与地下水分别为 5.10 亿 m³、4.20 亿 m³；2000 年河北地表水与地下水分别为 69.10 亿 m³、117.72 亿 m³，2019 年河北地表水与地下水分别为 51.40 亿 m³、97.80 亿 m³。京津冀地区位于海河流域，西倚太行山脉，南界黄河流域，北接蒙古高原地区，是我国政治、文化和经济中心，是我国重要的粮食主产区，是海河水系所在地。但是京津冀地区水资源状况十分严峻，这是由于近年来气候干旱化现象逐渐显现，海河流域主要河流干涸程度加重，并且上游地区修建的水库等多种水利设施、平原地区工农业发展和城镇用水对水资源的过量开发，这些都引起水资源短缺和地下水位的急剧下降，海河流域在枯水季节经常出现河道断流现象（曹晓峰，2019）。即使与 2000 年相比地表水总体数据增加，但是从资源总量，尤其人均占有量角度，京津冀地区水资源短缺情况十分严重，并且其中部分水资源来自"南水北调"工程。

表 3.2　2000—2019 年京津冀地区地表水与地下水资源量特征　单位：亿 m³

年份	北京		天津		河北	
	地表水	地下水	地表水	地下水	地表水	地下水
2000	6.40	15.10	0.62	2.75	69.10	117.72
2001	7.80	15.70	3.53	2.41	38.75	170.90
2002	6.10	14.70	1.90	2.10	30.10	75.80
2003	6.10	14.80	6.20	4.80	46.50	135.80
2004	8.20	16.50	9.80	5.20	61.30	131.10
2005	7.60	18.50	7.10	4.50	58.00	109.70

年份	北京		天津		河北	
	地表水	地下水	地表水	地下水	地表水	地下水
2006	6.70	18.20	6.60	4.40	42.10	94.30
2007	7.60	18.80	7.50	4.80	39.00	107.20
2008	12.80	24.90	13.60	5.90	62.40	136.30
2009	6.80	17.80	10.60	5.60	47.50	122.70
2010	7.20	18.90	5.60	4.50	56.60	112.90
2011	9.20	21.20	10.90	5.20	69.80	126.20
2012	18.00	26.50	26.50	7.60	117.80	164.80
2013	9.40	18.70	10.80	5.00	76.80	138.80
2014	6.50	16.00	8.30	3.70	46.90	89.30
2015	9.30	20.60	8.70	4.90	50.90	113.60
2016	14.00	24.20	14.10	6.10	105.90	133.70
2017	12.00	20.40	8.80	5.50	60.00	116.30
2018	14.30	28.90	11.80	7.30	85.30	124.40
2019	8.60	24.70	5.10	4.20	51.40	97.80

资料来源:《中国统计年鉴》。

(3) 人均水资源量

从表3.3中可以看出,人均水资源占有量方面,京津冀地区人均水资源量远低于全国整体水平,2019年北京、天津、河北人均水资源占有量分别为114.2m³、51.9m³、149.9m³,而当年全国平均水平为2077.7m³,河北人均水资源占有量不足全国平均水平的1/10,北京人均水资源占有量约为全国平均水平的1/20,天津人均水资源占有量更低,其数值约为全国平均水平的1/40,京津冀地区水资源总量较少,由于人口密度高,人均水资源占有量更远低于全国平均水平,说明全国范围内仍然存在水资源分布不平衡的现象,京津冀地区水资源短缺问题十分严重。

表 3.3 2000—2019 年京津冀地区人均水资源量特征 单位：m³

年份	北京	天津	河北	全国
2000	123.9	31.46	216.3	2193.9
2001	139.7	56.45	315.3	2112.5
2002	114.7	36.49	127.8	2207.2
2003	127.8	105.1	226.7	2131.3
2004	143.0	139.7	226.5	1856.3
2005	151.2	102.2	197.0	2151.8
2006	141.5	95.5	156.1	1932.1
2007	148.2	103.3	173.1	1916.3
2008	205.6	159.8	231.1	2071.1
2009	124.0	126.8	201.0	1812.0
2010	124.2	72.8	195.3	2310.4
2011	134.7	116.0	217.7	1730.4
2012	193.2	238.0	324.2	2186.2
2013	118.6	101.5	240.6	2059.7
2014	95.1	76.1	144.3	1998.6
2015	124.0	83.6	182.0	2039.0
2016	161.6	121.6	279.7	2354.9
2017	137.0	83.4	186.0	2086.0
2018	164.0	112.9	218.0	1972.0
2019	114.2	51.9	149.9	2077.7

资料来源：《中国统计年鉴》。

如图 3.4 所示，横向对比北京、天津、河北三地，河北地区人均水资源占有量处于三地中最高水平，2000 年北京、天津、河北人均水资源占有量分别为 123.9m³、31.46m³、216.3m³，2019 年北京、天津、河北人均水资源占有量分别为 114.2m³、51.9m³、149.9m³。近 20 年间，人均水资源占有量在京津冀地区呈现波动且下降趋势。在这一区间全国人均水资源占有量也呈现下降趋势，由 2000 年的 2193.9m³ 下降至 2019 年的 2077.7m³。

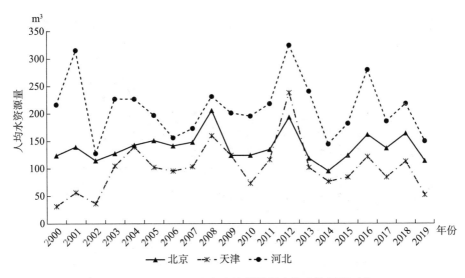

图 3.4　2000—2019 年京津冀地区人均水资源量对比

3.1.2　京津冀不同地区水资源特征

（1）北京市水资源特征

2000—2019 年，北京市水资源总量、地表水资源量、地下水资源量变动趋势一致，水资源总量维持在 16 亿～40 亿 m^3 波动，平均水资源量为 26 亿 m^3，除 2008 年、2012 年、2016 年、2018 年 4 个年份超过了 30 亿 m^3，分别达到 34.2 亿 m^3、39.5 亿 m^3、35.1 亿 m^3、35.5 亿 m^3 以外，其他年份水资源总量均不足 30 亿 m^3（见图 3.5）。

地表水资源量在 2008 年、2012 年、2016 年、2018 年出现峰值，地表水资源量在这 4 个年份分别为 12.8 亿 m^3、18 亿 m^3、14 亿 m^3、14.3 亿 m^3，整体波动水平为 5 亿～20 亿 m^3；地下水资源量也在 2008 年、2012 年、2016 年、2018 年出现峰值，分别为 24.9 亿 m^3、26.5 亿 m^3、24.2 亿 m^3、28.9 亿 m^3，整体波动水平为 14 亿～30 亿 m^3。人均水资源占有量 2008 年达到最高值 205.6m^3，2014 年出现最低值 95.1m^3，2000—2019 年人均水资源占有量平均为 141.64m^3。

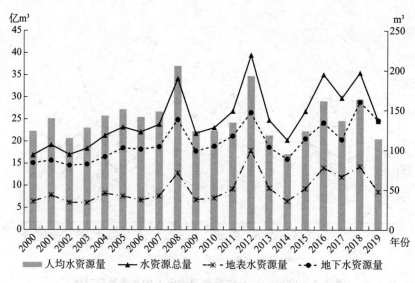

图 3.5　2000—2019 年北京水资源特征

如图 3.6 所示，1978—2019 年北京年降水量平均值为 545mm，但 21 世纪后，2000—2019 年年降水量平均值为 500mm，近 20 年北京年降水量明显下降，但是平均气温呈上升趋势。1978 年北京降水量为 664.8mm，当年平均气温为 11.6℃；1994 年北京降水量达到最大值，为 813.2mm，当年平均气温为 13.7℃；1999 年降水量达到历史最低点，为 266.9mm，当年平均气温为 13.1℃。进入 21 世纪以来，2000—2009 年降水量处于较低阶段，10 年间平均

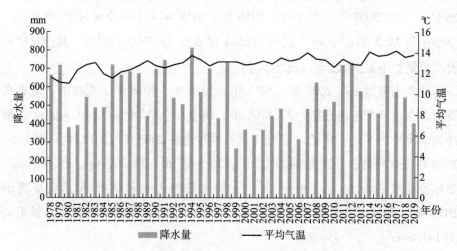

图 3.6　1978—2019 年北京降水量与平均气温

降水量为 433mm，平均气温为 13.26℃；2010—2019 年降水量有所上升，10
年间平均降水量为 567.34mm，平均气温为 13.49℃。

（2）天津市水资源特征

2000—2019 年天津市水资源总量、地表水、地下水资源量整体呈现波动
上升趋势。地下水资源量相对变化较为平稳，2000 年地下水资源量为
2.75 亿 m³，2019 年为 4.2 亿 m³，最高水平为 2012 年的 7.6 亿 m³，2000—
2019 年年均地下水资源量为 4.8 亿 m³。地表水资源相对波动更大，范围在
0.62 亿~26.5 亿 m³，2012 年由于降雨量的增加，导致地表水资源量迅速增
加，进而水资源总量也快速增加。

近 10 年来，天津市水资源总量保持在 15 亿 m³ 左右，从变化趋势可以看出
（见图 3.7），天津市水资源总量的变化受地表水资源量的变化影响最大，地表
水占水资源总量的比例在 50%~90% 范围波动，远高于地下水资源量的占比。天
津市人均水资源量 2000 年为 31.46m³，2012 年达到最高值 238m³，2019 年又下
降至 51.9m³，2000—2019 年平均人均水资源量为 101.07m³。

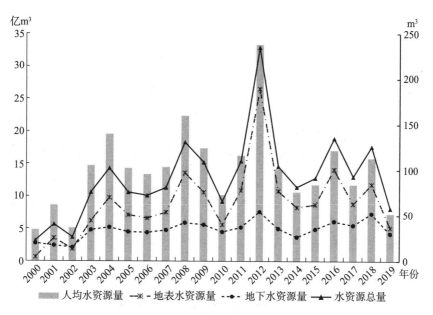

图 3.7 2000—2019 年天津水资源特征

（3）河北省水资源特征

与北京相同，河北省地下水资源是水资源总量的主要组成部分。河北地表水资源量主要维持在 40 亿~85 亿 m³，特别年份超过 100 亿 m³，包括 2012 年 117.8 亿 m³ 与 2016 年 105.9 亿 m³，年均地表水资源量为 61.24 亿 m³。地下水资源量远高于地表水，波动范围处于 75 亿~170 亿 m³，最高值出现在 2012 年，为 164.8 亿 m³，最低值出现在 2002 年，为 75.8 亿 m³，年均地下水资源量为 120.88 亿 m³。

河北省水资源总量变化与地表水和地下水资源量变化趋势基本一致，总量主要维持在 110 亿~240 亿 m³，其中地表水约占 45%，地下水约占 80%（未扣除地表水和地下水资源的重复计算量）。人均水资源占有量 2012 年达到最高值 324.2m³，2002 年出现最低值 127.8m³，2000—2019 年人均水资源占有量平均为 202.9m³，远低于国际公认的人均 1000m³ 的严重缺水警戒线，不足我国人均水资源量的 1/10，是我国水资源严重匮乏的省份（见图 3.8）。

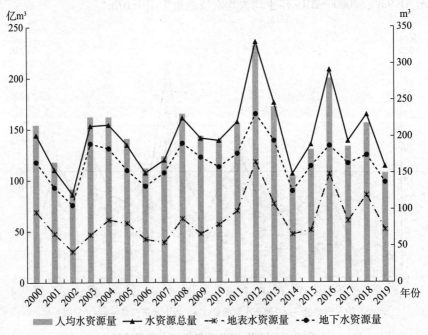

图 3.8　2000—2019 年河北水资源特征

3.2 京津冀地区供水及水资源配置特征

3.2.1 京津冀地区供水特征

（1）供水总量特征

如图 3.9 所示，2000 年以来，全国供水总量相对稳定，其中地表水是供水的主要来源，地表水均值为 4760.12 亿 m³，平均占总供水量的 81.13%，地下水均值为 1064.03 亿 m³，平均占总供水量的 18.13%，其他供水量总体较少。2003 年，全国供水总量达到最低，为 5320.4 亿 m³，其中地表水为 4286 亿 m³，地下水为 1018.11 亿 m³。2010 年全国供水总量突破 6000 亿 m³，达到 6022 亿 m³，后一直维持在 6000 亿 m³ 水平以上。总体来看，近 20 年来全国地表水、地下水波动幅度不大，其他水源供水量从 21.1 亿 m³ 增长到 104.5 亿 m³，总量逐渐上升，增长近 5 倍。

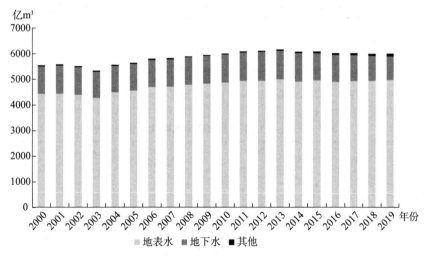

图 3.9　2000—2019 年全国供水总量及构成

如图 3.10、表 3.4 所示，2000—2019 年京津冀三地区供水总量较为稳定，2000 年京津冀供水量为 274.1 亿 m³，2019 年为 252.4 亿 m³，占全国比重由

2000 年的 4.96% 下降为 2019 年的 4.19%。其中,北京市供水总量呈上升趋势,2000 年供水总量为 40.4 亿 m³,2019 年为 41.7 亿 m³,20 年增长 1.3 亿 m³,增幅为 3.22%。天津市供水总量也呈现小幅上升趋势,2000 年天津市供水总量为 23.5 亿 m³,2019 年供水总量为 28.4 亿 m³,20 年增长 4.9 亿 m³,增幅为 20.85%。河北省的供水总量呈逐年下降趋势,2000 年供水总量为 210.2 亿 m³,2019 年供水总量为 182.3 亿 m³,下降 27.9 亿 m³,降幅为13.27%。

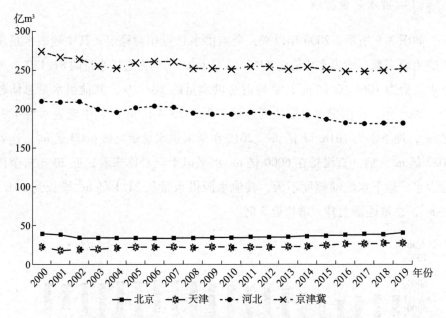

图 3.10 2000—2019 年京津冀地区供水总量变动趋势

表 3.4 2000—2019 年京津冀地区供水总量变动趋势　　　　单位:亿 m³

年份	北京	天津	河北	京津冀	京津冀占比(%)	全国
2000	40.4	23.5	210.2	274.1	4.96	5530.7
2001	38.9	18.81	209.1	266.8	4.79	5567.4
2002	34.6	19.96	209.8	264.4	4.81	5497.3
2003	35.0	20.5	199.8	255.4	4.80	5320.4
2004	34.6	22.1	195.9	252.5	4.55	5547.8
2005	34.5	23.1	201.8	259.4	4.61	5633.0

年份	北京	天津	河北	京津冀	京津冀占比 （%）	全国
2006	34.3	23.0	204.0	261.3	4.51	5795.0
2007	34.8	23.4	202.5	260.7	4.48	5818.7
2008	35.1	22.3	195.0	252.4	4.27	5910.0
2009	35.5	23.4	193.7	252.6	4.23	5965.2
2010	35.2	22.5	193.7	251.4	4.17	6022.0
2011	36.0	23.1	196.0	255.1	4.18	6107.2
2012	35.9	23.1	195.3	254.3	4.15	6131.2
2013	36.4	23.8	191.3	251.5	4.07	6183.4
2014	37.5	24.1	192.8	254.4	4.17	6094.9
2015	38.2	25.7	187.2	251.1	4.11	6103.2
2016	38.8	27.2	182.6	248.6	4.12	6040.2
2017	39.5	27.5	181.6	248.6	4.11	6043.4
2018	39.3	28.4	182.4	250.1	4.16	6015.5
2019	41.7	28.4	182.3	252.4	4.19	6021.2

资料来源：《中国统计年鉴》。

（2）地表水源供水特征

地表水是京津冀区域供水的主要水源，在 2000 年后呈现上升趋势，2000 年京津冀地区地表水量为 96.8 亿 m³，占全国总体的 2.18%；2019 年为 112.6 亿 m³，占全国总体的 2.26%。具体来看，2000—2019 年，北京市地表水源供水量在 5.71 亿~15.1 亿 m³，平均为 8.74 亿 m³，其中 2003—2013 年，北京市地表水源供水量均低于均值，自 2014 年后此数值一直位于高位并呈现增加趋势，2019 年达到最高值，为 15.1 亿 m³。2000—2019 年，天津市地表水源供水一直稳定在均值 16.81 亿 m³ 上下波动，2003 年为近 17 年最低值，地表水源供水量为 13.4 亿 m³，2012 年由于降雨量的增加，地表水资源量迅速增加，自 2015 年后此数值呈现增加趋势，2019 年为 19.2 亿 m³。河北省地表水供水经历稳定和快速增长两个阶段，2003—2011 年河北省地表水源供水稳定在 33.7 亿~38.9 亿 m³，2012 年后呈现快速增长，2019 年达到最高值 78.3 亿 m³，较 2003 年增长 44.6 亿 m³，增幅 132%（见图 3.11 和表 3.5）。

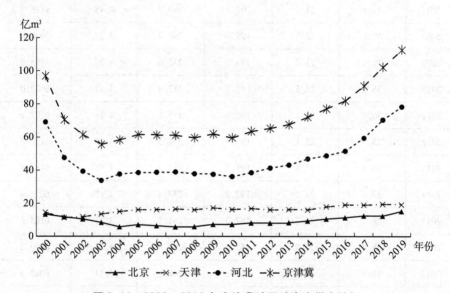

图 3.11 2000—2019 年京津冀地区地表水供水特征

表 3.5 2000—2019 年京津冀地区地表水供水变动趋势　　　单位：亿 m³

年份	北京	天津	河北	京津冀	京津冀占比（%）	全国
2000	13.3	14.4	69.1	96.8	2.18	4440.4
2001	11.7	11.2	47.5	70.4	1.58	4450.7
2002	10.4	11.7	39.3	61.4	1.39	4404.4
2003	8.3	13.4	33.7	55.4	1.29	4286.0
2004	5.7	14.9	37.6	58.2	1.29	4504.2
2005	7.0	16.0	38.5	61.5	1.35	4572.2
2006	6.4	16.1	38.7	61.2	1.30	4706.7
2007	5.7	16.5	38.9	61.0	1.29	4723.9
2008	5.8	16.0	37.8	59.6	1.24	4796.4

续表

年份	北京	天津	河北	京津冀	京津冀占比（%）	全国
2009	7.2	17.2	37.5	61.9	1.28	4839.5
2010	7.2	16.2	36.1	59.5	1.22	4881.6
2011	8.1	16.8	38.5	63.4	1.28	4953.3
2012	8.0	16.0	41.3	65.3	1.32	4952.8
2013	8.3	16.2	43.1	67.6	1.35	5007.3
2014	9.3	15.9	46.8	72.0	1.46	4920.5
2015	10.5	17.9	48.7	77.1	1.55	4969.5
2016	11.3	19.1	51.5	81.9	1.67	4912.4
2017	12.4	19.0	59.4	90.8	1.84	4945.5
2018	12.3	19.5	70.4	102.2	2.06	4952.7
2019	15.1	19.2	78.3	112.6	2.26	4982.5

资料来源：《中国统计年鉴》。

（3）地下水供水量

京津冀地区地下水呈现下降趋势，2000年京津冀地区地下水量为153.1亿 m^3，占全国总体的14.32%；2019年为115.4亿 m^3，占全国总体的12.35%。具体来看，2000—2019年北京市、天津市、河北省地下水源供水量均呈现下降趋势。2000—2019年，北京市地下水源供水年度均值20.95亿 m^3，2004年达到峰值，为26.8亿 m^3，后逐年下降，到2014年后低于平均水平，2019年地下水供水总量最低，为15.1亿 m^3。天津市供水主要来源为地表水，地下水源供水量常年不高，2000—2019年均值为5.74亿 m^3。河北省地下水的开采量呈现明显下降趋势，地下水是河北省供水的主要来源，2000年地下水源供水量为117.72亿 m^3，到2019年下降到96.4亿 m^3，降幅高达18.11%（见图3.12和表3.6）。

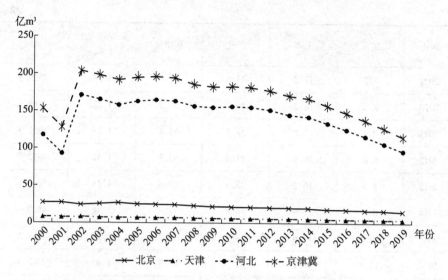

图 3.12　2000—2019 年京津冀地区地下水供水特征

表 3.6　2000—2019 年京津冀地区地下水供水变动趋势　　　单位：亿 m³

年份	北京	天津	河北	京津冀	京津冀占比（%）	全国
2000	27.2	8.2	117.72	153.1	14.32	1069.2
2001	27.2	7.6	93.01	127.8	11.67	1094.9
2002	24.2	8.2	171.2	203.6	18.99	1072.4
2003	25.4	7.1	165.5	198.0	19.45	1018.1
2004	26.8	7.1	157.8	191.6	18.67	1026.4
2005	24.9	7.0	162.8	194.7	18.74	1038.8
2006	24.3	6.8	164.6	195.7	18.37	1065.5
2007	24.2	6.8	163.1	194.1	18.15	1069.1
2008	22.9	6.3	156.2	185.4	17.09	1084.8
2009	21.8	6.0	154.6	182.4	16.67	1094.5
2010	21.2	5.9	156.0	183.0	16.53	1107.3
2011	20.9	5.8	154.9	181.6	16.37	1109.1
2012	20.4	5.5	151.3	177.2	15.63	1133.8
2013	20.0	5.7	144.6	170.3	15.12	1126.2
2014	19.6	5.3	142.1	167.0	14.95	1116.9

续表

年份	北京	天津	河北	京津冀	京津冀占比（%）	全国
2015	18.2	4.9	133.6	156.7	14.66	1069.2
2016	17.5	4.7	125.0	147.2	13.93	1057.0
2017	16.6	4.6	116.0	137.2	13.49	1016.7
2018	16.3	4.4	106.1	126.8	12.99	976.4
2019	15.1	3.9	96.4	115.4	12.35	934.2

资料来源·《中国统计年鉴》。

（4）其他水源供水量

其他水源供水包括除去地表水和地下水外的再生水供水量、南水北调供水量、污水处理回用量等其他水源的供水。整体来看，2000—2019 年，北京市、天津市、河北省其他水源供水量呈现逐年上升趋势，但总量依旧不高。其他水源供水量中北京市稳居第一，河北省排名第二，天津市排名第三。2019 年北京市其他水源供水量为 11.5 亿 m³，天津为 5.4 亿 m³，河北为 7.5 亿 m³（见图 3.13）。

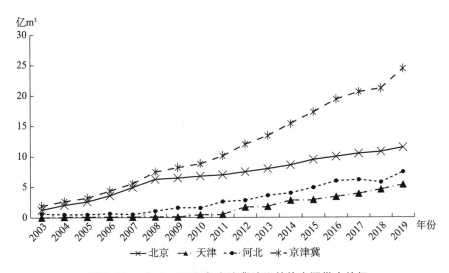

图 3.13　2003—2019 年京津冀地区其他水源供水特征

3.2.2 北京市供水及水资源配置情况

2000 年以来北京市供水总量呈现小幅波动上升趋势，2000 年供水总量为 40.4 亿 m³，到 2019 年供水总量达到 41.7 亿 m³，增长 1.3 亿 m³，增幅为 3.22%。具体来看，2006 年北京市供水总量最低，总量为 34.30 亿 m³。其中地表水 6.35 亿 m³，占比 18.51%；地下水 24.34 亿 m³，占比 70.96%；再生水和"南水北调"水（其他）3.6 亿 m³，占比较低。2019 年供水总量达到最高值 41.7 亿 m³，当年地表水为 15.10 亿 m³，占比 36.2%，地下水为 15.10 亿 m³，占比 36.2%。再生水和"南水北调"水逐年增加，到 2019 年供水量为 11.50 亿 m³，占比 27.58%（见图 3.14）。

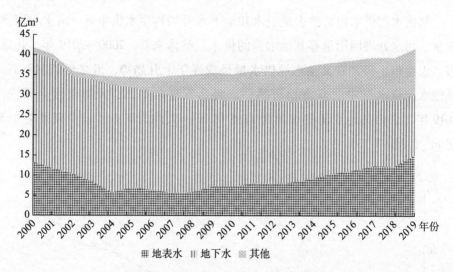

图 3.14　2000—2019 年北京市供水情况

2000 年前，北京市的供水主要由地表水和地下水构成，地下水占到总供水量的 70% 左右，地表水占总供水量的 25% 左右。2003 年以后，北京市逐渐增加再生水和"南水北调"水的供给，供水量从 2003 年的 1.25 亿 m³ 增长到 2019 年的 11.50 亿 m³，供水占比从 2003 年的 4% 提升到 2019 年的 28%。地下水供水量从 2003 年的 25.42 亿 m³ 下降到 2019 年的 15.10 亿 m³，降幅为 40.60%，下降趋势明显。2000—2013 年，北京市地表水供水量呈现小幅下降变动，自 2014 年开始，地表水供水量上升较为明显，2019 年地表水供水量和地下水供水量首次持平，各占总供水量的 36%（见图 3.15）。

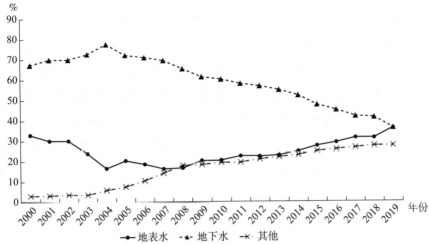

图 3.15　2000—2019 年北京市供水资源配置及变化趋势

地下水埋深指地下水水面到地面的距离，反映地下水位的变化。2000 年北京平原地区地下水平均埋深 15.6m，之后地下水埋深持续直线增加，2015 年埋深达到峰值 25.75m，与 2000 年相比北京市平原区地下水埋深下降了10.15m，地下水水资源形势严峻。2015 年后，地下水埋深稍有好转，2019 年埋深回落到 22.71m（见图 3.16）。

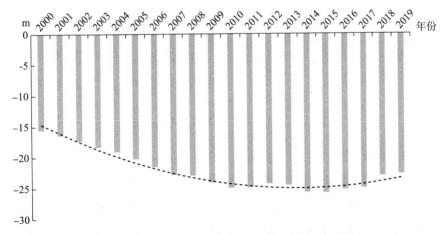

图 3.16　2000—2019 年北京市平原区年末地下水平均埋深

3.2.3 天津市供水及水资源配置情况

如图 3.17 和图 3.18 所示，天津市供水主要由地表水和地下水构成，2000—2019 年供水总量呈上升趋势。2000—2009 年地表水平均供水量为 16.16 亿 m³，占总供水量的 69.71%，地下水平均供水量为 6.09 亿 m³，占总供水量的 29.8%，可见地表水构成了天津的主要供水水源。2000—2009 年其他水资源（"南水北调"水和再生水）供水量维持在 0.10 亿 m³ 左右，自 2009 年的 0.10 亿 m³ 逐年上涨到 2019 年的 5.4 亿 m³，增长明显。2009—2019 年，地下水资源呈下降趋势，供水量由 2009 年的 6.0 亿 m³ 降到 2019 年的 3.9 亿 m³，地表水资源呈上升趋势，供水量由 2009 年的 17.20 亿 m³ 增长到 2019 年的 19.20 亿 m³。

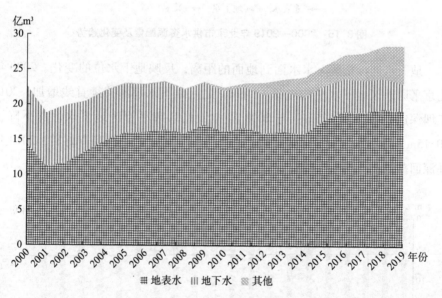

图 3.17　2000—2019 年天津市供水情况

天津市的供水中地表水和地下水占比较大，2000—2019 年地表水供水稳中有增，但地下水供水量下降明显，2009 年后其他水资源供水量才逐渐显现并逐年递增。2000—2019 年，地表水占比稳定，平均占比 69.44%；地下水平均占比 24.2%，此占比逐年下降，从 2000 年的 35% 降为 2019 年的 14%；其他水资源供水占比从 2009 年开始逐年上升，到 2019 年达到 19%，其数值已经超过地下水供水比例。

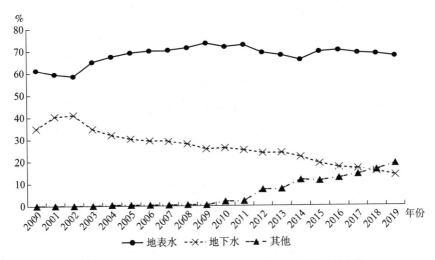

图 3.18 2000—2019 年天津市供水资源配置及变化趋势

3.2.4 河北省供水及水资源配置情况

如图 3.19 所示，2000—2019 年河北省供水总量呈下降趋势，2000 年河北总供水量为 210.2 亿 m³，到 2019 年总供水量为 182.30 亿 m³，供水总量下降27.9 亿 m³。2006 年供水总量达到 204 亿 m³，其中地表水为 38.7 亿 m³，占比

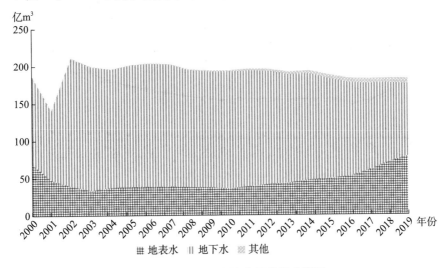

图 3.19 2000—2019 年河北供水情况

18.97%，地下水为 164.6 亿 m^3，占比 80.69%，地下水是河北省供水的主要来源。2000—2019 年河北省地下水平均年供水量为 141.62 亿 m^3，地下水供水平均占总供水量的 74.76%，地下水供水量呈显著下降趋势。其中，2002—2007 年，地下水维持在 163 亿 m^3，自 2008 年后逐年下降，到 2019 年地下水供水量降为 96.4 亿 m^3。2000—2019 年地表水年平均供水量为 45.70 亿 m^3，供水平均占比 23.7%，2000—2011 年地表水供水量较为稳定，年供水量平均为 37.49 亿 m^3，自 2012 年后地表水供水量稳步上升，到 2019 年供水量达到 78.3 亿 m^3。

从供水资源及其配置比例结构来看，地下水一直是河北省最主要的供水来源，2002—2010 年，地下水供水占总供水量的比例一直高于 80%，2011 年后，地下水供水比例呈下降趋势并于 2019 年降为 53%。河北省地表水供水大致呈现两阶段变化，2002—2011 年地表水供水量相对稳定，供水比例维持在 19%，自 2011 年后，地表水供水比例呈现逐年上升的趋势，2019 年供水比例达到 43%。"南水北调"水和再生水在河北省整个供水中所占比例较低（见图 3.20）。

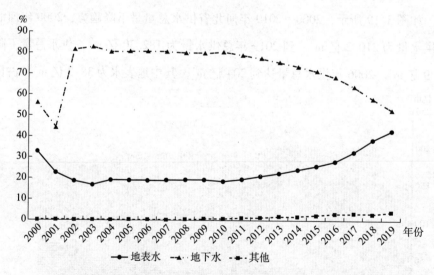

图 3.20 2000—2019 年河北供水资源配置及变化趋势

3.3 京津冀地区用水及现状分析

3.3.1 京津冀地区用水特征

（1）京津冀地区用水总量

京津冀地区的用水主要由农业用水、工业用水、生活用水和生态用水等方面构成。从用水总量来看，2000—2019 年京津冀地区总用水量呈小幅下降趋势，其中，2000 年总用水量为 257.19 亿 m³，2019 年总用水量为 252.4 亿 m³。2000—2019 年北京市用水总量呈现小幅度上涨趋势，但总量维持在 34.3 亿~41.7 亿 m³，均值为 36.84 亿 m³，2006 年用水总量最低，为 34.3 亿 m³，2019 用水量最高，达到 41.7 亿 m³。2000—2019 年天津市用水总量变化趋势也呈现增长趋势，2000 年用水量为 22.64 亿 m³，经过小幅度波动上涨，2019 年为 28.4 亿 m³，用水量年度均值为 23.67 亿 m³。河北省用水总量呈现明显下降趋势，2000 年用水量最高，为 212.18 亿 m³，2019 年用水量最低，为 182.3 亿 m³，均值为 195.63 亿 m³（见图 3.21）。

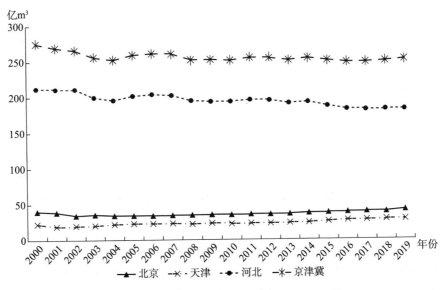

图 3.21 2000—2019 年京津冀地区用水总量

（2）京津冀地区单位用水量

①单位人口用水量。从单位人口用水量角度分析，京津冀整体 2000 年为 304.45m³/人，2019 年为 229.0m³/人，单位人口用水量下降了 75.45m³/人，降幅 24.78%。从不同地区情况看，河北单位人口用水量最高，2019 年为 244.8m³/人，但 2000—2019 年呈现下降趋势，降幅 23.00%；北京、天津单位人口用水量以 2014 年为分界线，2000—2014 年呈现下降趋势，2014—2019 年开始上升；北京、天津单位人口用水量 2000 年分别为 295.97m³/人、226.17m³/人，2014 年分别为 172.7m³/人、168.6m³/人，降幅分别为 41.65%、25.45%；2019 年分别为 190.4m³/人、205.1m³/人，与 2014 年相比涨幅分别为 10.25%、21.65%。北京、天津地区近 5 年人均用水量增长的主要原因为总用水量的增加与人口增幅下降（见图 3.22）。

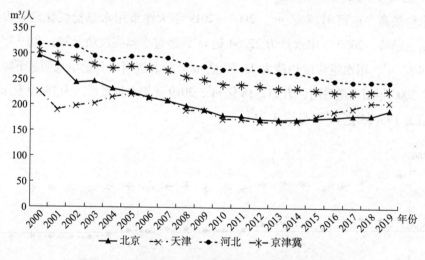

图 3.22 2000—2019 年京津冀地区单位人口用水量

②单位地区生产总值用水量。比较京津冀单位地区生产总值用水量情况，京津冀整体 2000 年为 289.74m³/万元，2019 年为 29.88m³/万元，单位地区生产总值用水量下降了 259.86m³/万元，降幅 89.69%，2000—2019 年呈现大幅下降趋势。从不同省份情况看，河北单位地区生产总值用水量最高，2019 年为 52.12m³/万元，2000—2019 年同样呈现下降趋势，降幅 83.48%；北京、天津单位地区生产总值用水量变化趋势与整体一致，2000 年分别为

123.16m³/万元、142.24m³/万元，2019 年分别为 11.76m³/万元、20.21m³/万元，降幅分别为 82.30%、77.77%。京津冀地区生产总值用水量下降的主要原因为总用水量的增长速度远低于地区经济增长速度（见图 3.23 和表 3.7）。

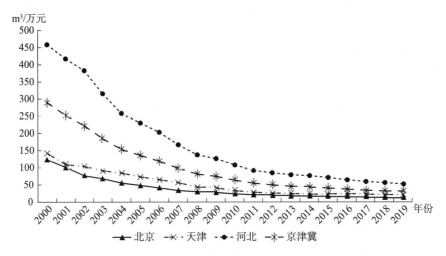

图 3.23　2000—2019 年京津冀单位地区生产总值用水量

表 3.7　2000—2019 年京津冀地区单位用水情况

年份	单位人口用水量（m³/人）				单位地区生产总值用水量（m³/万元）			
	北京	天津	河北	京津冀	北京	天津	河北	京津冀
2000	295.97	226.17	317.92	304.45	123.16	142.24	458.45	289.74
2001	280.87	190.64	315.33	296.30	100.74	108.94	417.23	252.10
2002	243.15	198.21	313.87	290.18	76.45	103.59	383.03	222.15
2003	240.4	203.1	295.2	276.5	66.4	90.9	315.5	184.3
2004	231.4	215.4	287.7	270.8	55.3	84.2	258.2	153.4
2005	224.3	221.5	294.6	275.0	48.3	73.1	230.0	135.9
2006	214.2	213.6	295.7	272.9	40.9	64.9	203.1	118.9
2007	207.7	209.6	291.7	267.8	33.4	56.2	166.6	97.5
2008	198.1	189.9	279.0	254.1	29.7	43.1	137.3	80.9
2009	190.9	190.6	275.4	249.6	27.5	41.0	126.5	74.5
2010	179.4	173.1	269.2	240.4	23.5	32.9	107.6	63.2
2011	177.9	172.3	271.0	240.7	20.9	28.5	91.7	54.6
2012	172.8	167.6	268.9	237.3	18.9	25.5	84.6	49.7

续表

年份	单位人口用水量（m³/人）				单位地区生产总值用水量（m³/万元）			
	北京	天津	河北	京津冀	北京	天津	河北	京津冀
2013	171.3	168.8	262.5	232.4	17.2	23.9	78.9	45.4
2014	172.7	168.6	263.3	232.9	16.4	22.6	76.5	43.3
2015	174.6	178.6	254.9	228.9	15.4	23.6	70.9	40.5
2016	176.8	188.5	247.6	225.7	14.3	23.7	64.1	37.1
2017	180.0	195.0	245.1	225.7	13.2	22.1	59.3	34.1
2018	179.3	205.4	245.6	227.3	11.9	21.3	56.1	31.7
2019	190.4	205.1	244.8	229.0	11.8	20.2	52.1	29.9

（3）用水结构特征

从用水结构来看，农业用水是京津冀用水的主要构成部分，2000—2019年平均农业用水量为165.19亿 m³，占京津冀总用水量的64.4%，其中河北省农业用水占京津冀农业总用水量的86.47%。但是从2000年以来，京津冀农业用水量整体呈现下降趋势。工业用水年度均值为34.91亿 m³，占京津冀用水总量的13.61%，生活用水年度均值为44.73亿 m³，占京津冀用水总量的17.44%，生态用水年度均值为11.67亿 m³，占京津冀用水总量的4.55%（见图3.24）。

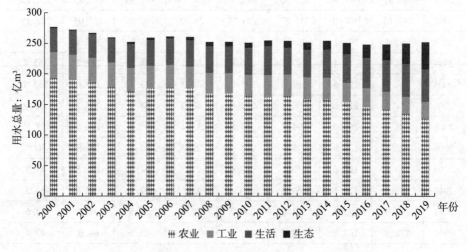

图 3.24 2000—2019 年京津冀地区用水分布情况

农业用水是京津冀用水的主要部分。作为农业大省，河北省农业用水量远高于北京市和天津市农业用水量，种植业用水是农业用水量偏高的主要原因。近年来，河北省农业用水呈逐年下降趋势，20年间河北省用水量较高，年度农业用水均值为150.2亿 m³，2000年农业用水量最高，为161.76亿 m³，随后波动下降，2019年农业用水量为114.3亿 m³。2003年北京市农业用水量为12.92亿 m³，由于农业规模减小，并大力发展节水农业，通过实施工程节水、农艺节水和管理节水，农业绝对用水量呈下降趋势，2019年北京市农业用水量为3.7亿 m³，此数值仅为2003年的28.6%。天津市2000—2019年农业用水量保持在10.97亿~13.84亿 m³，2007年天津市农业用水达到峰值13.84亿 m³，之后呈下降趋势（见图3.25）。

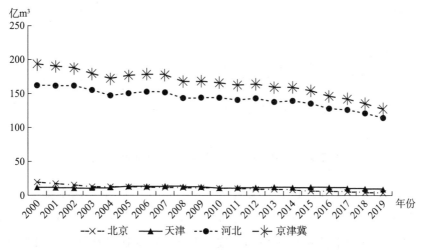

图3.25 2000—2019年京津冀地区农业用水情况

从工业用水情况来看，北京市工业用水呈现下降趋势，2000年用水量最高为9.86亿 m³，随后工业用水逐年波动下降，到2019年工业用水为3.3亿 m³，降幅为56.86%。天津市工业用水呈现先下降后上升的趋势，2004—2008年从5.07亿 m³降到3.81亿 m³，自2009年后工业用水开始呈现反弹，2009年工业用水量为4.4亿 m³，2012年工业用水量为5.1亿 m³，首次超过北京跃居第二位，2019年工业用水量上升到5.5亿 m³。2000—2019年河北省工业用水量年度均值为23.73亿 m³，从用水量变化来看，主要分为两个阶段：第一阶段为2000—2010年，工业用水量呈现缓慢下滑趋势，从2003年的25.80亿

m³ 降到 2010 年的 23.06 亿 m³，下降 10.62%；第二阶段为 2011—2019 年，2011 年生产用水量为 25.70 亿 m³，较 2010 年的 23.06 亿 m³ 增长 2.64 亿 m³，迅速增长后自 2011 年工业用水量呈现较快的下降趋势，到 2019 年工业用水量为 18.80 亿 m³，2011—2019 年工业用水量下降 6.9 亿 m³，降幅近 27%（见图 3.26）。

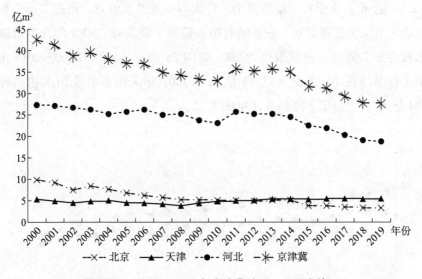

图 3.26　2000—2019 年京津冀地区工业用水情况

从生活用水来看，北京市生活用水在 2000—2004 年呈现小幅度波动趋势，2000 年生活用水量为 10.62 亿 m³，2004 年生活用水量为 12.91 亿 m³，2005 年后生活用水量从 13.90 亿 m³ 逐年上升，到 2019 年生活用水量为 18.70 亿 m³，比 2004 年增加了 44.85%。天津市生活用水在 2000—2019 年平均值为 4.84 亿 m³，2000—2019 年生活用水稳定在 4.2 亿~5.0 亿 m³，2016 年后生活用水量上升较快，2019 年天津市生活用水量为 7.5 亿 m³，较 2000 年增幅 78.57%。河北省生活用水在 2000—2019 年较为稳定，生活用水量维持在年均 24.0 亿 m³，2015 年生活用水量为 24.4 亿 m³，后保持小幅度增长态势，到 2019 年生活用水量为 27 亿 m³，2019 年较 2004 年最低值（21.58 亿 m³）高 5.42 亿 m³，增幅为 25.12%（见图 3.27）。

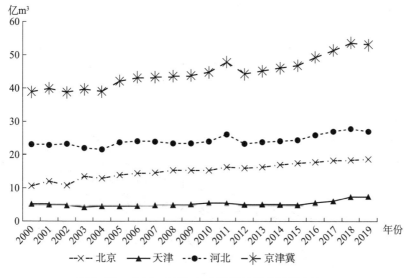

图 3.27　2000—2019 年京津冀地区生活用水情况

从生态用水量来看，北京、天津、河北省三地的用水量整体均呈现增长趋势（见图 3.28）。2000 年北京市生态用水量为 0.43 亿 m³，2019 年生态用水量达到 16 亿 m³，19 年间增长了 36.21 倍。2000—2010 年，北京市生态用水量平稳增长，到 2010 年此数值为 3.97 亿 m³，2010—2019 年生态用水量快速增长。天津市用水量也呈现增长趋势，2000—2013 年，生态用水量整体较低且变化幅度不大，年均用水量为 0.79 亿 m³，自 2014 年起生态用水量增速较快，2014 年生态用水量为 2.1 亿 m³，到 2019 年生态用水量增长到 6.2 亿 m³。河北省生态用水量在 2000 年最低，为 0.32 亿 m³，到 2019 年生态用水量最高，为 22.10 亿 m³，2012 年之前，河北省生态用水量呈增长趋势但是增速并不明显，2012 年生态用水量为 3.8 亿 m³。2013 年为河北省生态用水量增长拐点，用水量开始呈陡峭上升态势，2013 年生态用水量为 4.7 亿 m³，到 2019 年生态用水量为 22.10 亿 m³，短短 6 年间，生态用水量增长近 4 倍。2018 年、2019 年河北省生态用水量分别为 14.5 亿 m³ 和 22.10 亿 m³，超过同期北京的 13.4 亿 m³、16.0 亿 m³，居京津冀三地生态用水量首位。

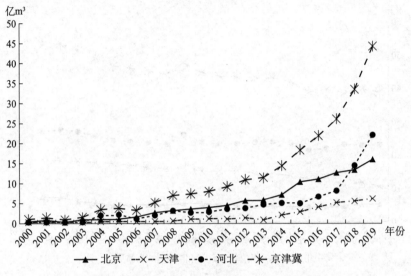

图 3.28 2000—2019 年京津冀地区生态用水情况

3.3.2　北京市用水及用水结构

2000—2019 年北京市农业用水和生产用水占比呈明显下降趋势，生活用水和生态用水占比呈上升趋势，且生态用水自 2011 年后增速明显。2003 年北京市总用水量为 35.8 亿 m³，其中农业用水 12.92 亿 m³、工业用水 8.4 亿 m³、生活用水 13.49 亿 m³、生态用水 0.95 亿 m³，分别占总用水量的 37%、22%、39%、3%，生活用水首次超过农业用水，成为第一用水大户。到 2019 年，北京市总用水量为 41.7 亿 m³，其中农业用水 3.7 亿 m³、工业用水 3.3 亿 m³、生活用水 18.7 亿 m³、生态用水 16.0 亿 m³，分别占总用水量的 9%、8%、45%、38%，生活用水和生态用水成为用水的主要部分，合计约占总用水量的 83%。

同 2000 年相比，2019 年北京市总用水量增加 1.33 亿 m³，其中：农业用水下降 15.86 亿 m³，降幅 81.08%；工业用水下降 6.56 亿 m³，降幅 66.53%；生活用水增加 8.08 亿 m³，增幅达 76.08%；生态用水变化明显，增加 15.57 亿 m³，增幅约为 36.21%。北京市用水结构在 2000—2019 年发生了巨大调整，当前生活用水和生态用水占北京总用水量的比例较大（见图 3.29）。

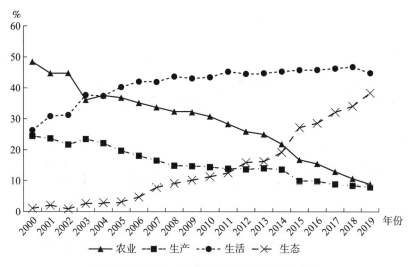

图3.29　2000—2019年北京市用水占比变化

3.3.3　天津市用水及用水结构

2000—2019年天津市农业用水一直是主要用水渠道，综合分析用水量占比，农业用水占比呈明显下降趋势，工业用水占比呈下降趋势，生活用水占比缓慢上升，生态用水占比呈现快速上升趋势，生态用水自2013年后增速明显。2000年天津市全市总用水量为22.64亿 m^3，其中：农业用水11.91亿 m^3，占53%；工业用水5.34亿 m^3，占24%；生活用水5.2亿 m^3，占23%；生态用水0.3亿 m^3，占1%。2019年天津市全市总用水量为28.4亿 m^3，其中：农业用水9.2亿 m^3，占32%；工业用水5.5亿 m^3，占19%；生活用水7.5亿 m^3，占26%；生态用水6.2亿 m^3，占22%。

同2000年相比，2019年天津市总用水量增加5.76亿 m^3，其中：农业用水下降2.71亿 m^3，降幅22.75%；工业用水增加0.16亿 m^3，增幅3%；生活用水增加2.3亿 m^3，增幅达44.23%；生态用水变化明显，增加5.9亿 m^3，增幅近20倍。天津市用水结构在2000—2019年发生了巨大调整，当前生活用水和生态用水占天津总用水量的比例较大。从年际变化趋势可以看出，天津市农业用水量在2007年以前呈现上升趋势，之后呈下降趋势，但是仍远高于工业、生活和生态用水（见图3.30）。

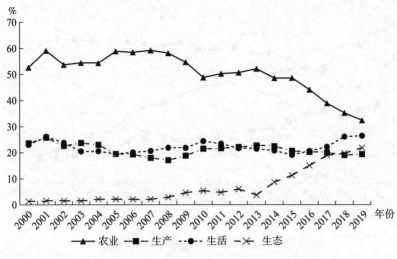

图 3.30　2000—2019 年天津市用水占比变化

3.3.4　河北省用水及用水结构

河北省是农业用水大省，从用水分配情况可以看出，农业用水稳居河北第一，2000—2019 年，河北省农业用水量在 114 亿 ~ 162 亿 m³，占总用水量的 63% ~ 77%，平均用水量为 142.8 亿 m³，平均占总用水量的 72.9%。近年来农业用水量呈年度递减趋势。2000 年河北省用水总量为 212.18 亿 m³，其中：农业用水 161.76 亿 m³，占总用水量的 76%；工业用水 27.34 亿 m³，占总用水量的 13%；生活用水 23.08 亿 m³，占总用水量的 11%；生态用水较少，仅为 0.32 亿 m³。2019 年河北省用水总量为 182.3 亿 m³，其中：农业用水 114.3 亿 m³，占总用水量的 63%；工业用水 18.8 亿 m³，占总用水量的 10%；生活用水 27 亿 m³，占总用水量的 15%；生态用水为 22.1 亿 m³，占总用水量的 12%。同 2000 年相比，2019 年河北省用水总量降低了 29.88 亿 m³，降幅 14.08%（见图 3.31）。

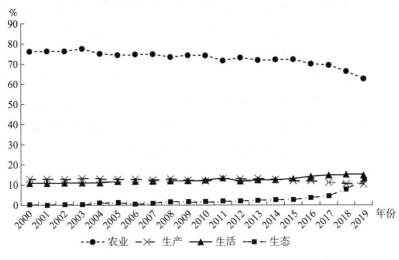

图 3.31 2000—2019 年河北省用水占比变化

3.4 京津冀地区农业全要素用水效率分析

以往对农业用水效率的研究多集中在农学和生态学领域，采用水分生产率、灌溉水利用系数、生态足迹等田间实验指标来衡量单位水资源的产出数量或收益，更关注自然科学层面上的农业科学技术改进或农田水利基础设施建设。随着农业用水比例的逐年减少，水资源的稀缺性和价值凸显，越来越多的专家学者开始考虑如何在既定的农业产出下实现最少的用水投入，本质上就是衡量农业用水的技术效率，于是出现了大量在经济学意义上的农业用水效率的研究。在农业经济学领域，关于农业用水效率的研究主要从两个层面展开：一是基于微观农户调查数据的农业用水效率研究；二是基于全国或省级农业生产数据的用水效率研究。已有的文献对京津冀地区农业用水效率的研究较少，要么只是单独对北京、天津和河北三地的农业用水现状、存在的问题进行概述；要么是单要素框架下对单位水资源的农业经济产出进行分析，而忽略了劳动力、其他物质投入等多重因素的综合影响。

2016 年中央农村工作会议提出要着力加强农业供给侧结构性改革，提高农业供给体系质量和效率，提高全要素生产率。在推动京津冀协同发展的大背景下，有必要对京津冀地区的农业全要素用水效率进行科学测算，明确农业全要素用水效率的空间分布格局和变动趋势特征，厘清其主要影响因素。鉴于此，本书构建超效率 SBM-DEA 模型，从经济研究的角度将水资源纳入经济变量，在全要素生产框架下测算 2001—2020 年京津冀地区的农业用水效率，并借助于面板 Tobit 模型检验自然禀赋、水利设施、人力资本以及农业规模等因素对农业用水效率的影响，找出提升京津冀地区农业全要素用水效率的方向和对策，以期为京津冀地区进一步加强农业用水管理、提升农业用水效率提供参考依据，有助于纾解京津冀地区严重缺水和粗放用水的主要矛盾。

3.4.1 京津冀地区农业全要素用水效率测定

（1）模型设定与分析方法

学术界根据生产前沿理论测算生产效率的方法主要有两类：一类是以数据包络分析（Data Envelopment Analysis，DEA）为代表的非参数方法；另一类是以随机前沿生产函数分析（Stochastic Frontier Analysis，SFA）为代表的参数方法。根据李双杰等的研究，对于面板数据，SFA 是根据所有周期的数据仅构造出一个统一的生产前沿，而 DEA 是每个周期各构造一个生产前沿，因此 SFA 更适合大样本微观数据计算，而 DEA 则适合小样本宏观数据估计。本书的数据都来源于宏观统计，并且重点关注北京、天津和河北这 3 个地区样本，适宜采用 DEA 方法。

传统的 DEA 模型存在效率得分不大于 1 的约束条件，导致评价结果不能反映出效率值等于 1 的多个相对有效决策单元的差别，无法将所有的决策单元效率进行排列，导致评价的结果不准确。超效率 DEA 则进一步优化了效率评价的方法，消除了效率值小于等于 1 的约束，从而可以区分原来效率值等于 1 的决策单元。在农业用水效率评价方面，佟金萍等运用超效率 DEA 分别对全国 30 个省份和长江流域 10 个省份的农业用水效率进行了研究，但采用的都是以径向测算（Radial Measure）为基础的 Super CCR 模型，即均是基于投入产出的比值来进行效率评价，忽视了松弛变量对评价结果的影响，度量的效率值可能是有偏的。Tone 于 2002 年提出了非径向的基于松弛变量的超效率 SBM-DEA 模型（Super Slacks-Based Measure DEA），规避了投入要素同比例缩减的假设条件，并将松弛变量加入目标函数中，同时考虑投入和产出两个方面，消除了因径向和角度选择差异所带来的偏差和影响，将其应用于技术效率测算比较合理。

基于上述原因，考虑到本书所关注的农业用水是作为农业生产的一种基本投入要素，因此采用基于松弛变量的且能对相对有效决策单元进行排序的超效率 SBM-DEA 模型进行农业用水效率评价。

超效率 SBM-DEA 模型可表示为式（3-1），式中 m 为投入指标总数，q 为产出指标总数，x_{ik} 为第 k 个单元的第 i 种投入指标的投入量，y_{rk} 为第 k 个单元的第 r 种产出指标的产出量，s_i^-、s_r^+ 分别为投入、产出的松弛量，λ_j 为权重向量。

$$\min \rho_{SE} = \frac{1 + \dfrac{1}{m} \sum_{i=1}^{m} s_i^- / x_{ik}}{1 - \dfrac{1}{q} \sum_{r=1}^{q} s_r^+ / y_{rk}}$$

$$s.t. \begin{cases} \sum_{j=1, \, j \neq k}^{n} x_{ij} \lambda_j - s_i^- \leqslant x_{ik} \\ \sum_{j=1, \, j \neq k}^{n} y_{rj} \lambda_j + s_r^+ \leqslant y_{rk} \\ \lambda, \ s_i^-, \ s_r^+ \geqslant 0 \\ i = 1, 2, \cdots, m \\ r = 1, 2, \cdots, q \\ j = 1, 2, \cdots, n(j \neq k) \end{cases} \quad (3-1)$$

ρ_{SE} 为效率值，当目标函数 $\rho_{SE} \geqslant 1$ 时，被评价的决策单元相对有效；当 $\rho_{SE} < 1$ 时，被评价的决策单元相对无效，需要对投入产出进行改进。

（2）农业全要素用水效率

本书借鉴 Hu 等（2006）提出的全要素投入效率概念，结合农业生产的特点，将农业全要素用水效率（Total Factor Agricultural Water Efficiency, TFAWE）定义为决策单元达到最优技术效率所需的潜在农业用水投入（Target Agricultural Water Input, TAWI）与实际农业用水投入（Actual Agricultural Water Input，AAWI）的比值，如式（3-2）所示。

$$TFAWE_{i,t} = \frac{TAWI_{i,t}}{AAWI_{i,t}} = \frac{AAWI_{i,t} - EAWI_{i,t}}{AAWI_{i,t}} = 1 - \frac{EAWI_{i,t}}{AAWI_{i,t}} \tag{3-2}$$

其中，$TFAWE_{i,t}$ 表示第 i 个省（市）在 t 时间的农业全要素用水效率；$AAWI_{i,t}$ 表示实际的农业用水投入数量；$EAWI_{i,t}$ 表示超额的农业用水投入数量；$TAWI_{i,t}$ 表示潜在的农业用水投入数量，即在目前农业生产技术水平下，为实现一定农业产出所需要的最优或最少的水资源投入数量。相对于传统的农业用水生产率指标，农业全要素用水效率是在综合考虑水资源投入和其他生产要素投入的全要素生产框架下，衡量当前农业用水投入与最优可实现农业用水投入之间关系的一个相对更优的指标。

（3）变量选取与数据处理

京津冀地区包括北京市、天津市和河北省的 11 个地级市及 2 个省直管市，为了进一步比较京津冀地区与全国平均水平的农业用水效率，本书选取北京、天津、河北、京津冀地区和全国作为 5 个决策单元，并建立起 2001—2020 年 5 个单元的面板数据。由于 DEA 方法是通过构建生产前沿面来进行投入产出的相对有效性评价，考虑到省（市）、区域、全国三者间数量级相差较大，本书的投入和产出变量都采用单位面积数据，不仅可以消除决策单元的性质差异性，而且将农业生产中的可变投入要素与土地资源独立开来，能够更为准确地反映用水效率。

具体在变量选取方面，本书涉及的农业用水投入为农林牧渔业用水总投入，为保持统计口径的统一，将农林牧渔总产值作为农业产出变量，并以 2000 年为不变价格进行折算。农业投入变量包括每公顷播种面积的化肥使用量、农业机械总动力、农林牧渔业的就业人数和农业用水量。

（4）实证结果分析

由于本书关注的是在农业全要素生产框架下，如何保持农业产出不变，实现农业用水最优投入的问题，因此利用 MAXDEA 软件，采用投入导向型且规模报酬不变的超效率 SBM-DEA 对京津冀地区及全国的农业全要素用水效率进行测算，结果如表 3.8 所示。

表 3.8　2001—2019 年京津冀地区及全国农业全要素用水效率

年份	决策单元				
	北京	天津	河北	京津冀地区	全国
2001	1.447	1.055	0.515	0.554	0.533
2002	1.524	1.034	0.453	0.495	0.481
2003	1.466	1.001	0.433	0.476	0.432
2004	1.533	0.694	0.494	0.529	0.428
2005	1.500	0.693	0.515	0.547	0.487
2006	1.597	0.651	0.524	0.551	0.535
2007	1.823	0.579	0.554	0.571	0.469
2008	1.923	0.564	0.558	0.572	0.472
2009	1.917	0.564	0.556	0.571	0.521
2010	1.761	0.623	0.614	0.626	0.499
2011	1.846	0.581	0.572	0.586	0.488
2012	2.008	0.534	0.526	0.542	0.480
2013	2.156	0.507	0.511	0.525	0.455
2014	2.124	0.509	0.476	0.492	0.475
2015	1.999	0.538	0.473	0.489	0.509
2016	1.876	0.591	0.515	0.530	0.551
2017	1.795	0.625	0.524	0.540	0.590
2018	1.672	0.647	0.518	0.533	0.572
2019	1.617	1.017	0.541	0.556	0.582
均值	1.767	0.685	0.520	0.541	0.503

从表 3.8 中可以看出，近年来京津冀地区 *TFAWE* 整体维持在 0.55 左右，略低于全国水平。就京津冀地区来看，北京的 *TFAWE* 值一直高于区域总体水平，天津的 *TFAWE* 值大多高于区域总体水平，而河北的 *TFAWE* 值则一直低于区域总体水平。其中，北京的 *TFAWE* 值均高于 1，保持在农业用水前沿面，远远领先于其他省份，表明北京的农业节水技术水平较高。2001—2003 年天津的 *TFAWE* 值大于 1，但之后天津 *TFAWE* 持续降低，保持在 0.6 左右，虽然 2019 年升高至 1.017，但一直落后于北京。

进一步计算可知，北京和天津的 *TFAWE* 方差较大，说明这两个地方的 *TFAWE* 值在 2001—2019 年不稳定，各年之间差距较大。全国的 *TFAWE* 方差很小，但是效率值很低，说明我国整体的农业用水效率提升缓慢，农业节水存在较大潜力。从分位数上看，北京的分位数居首，其次是天津，随后是京津冀地区和河北，全国的分位数最低，其中效率值最高的北京（均值为1.767）比全国平均水平（均值为0.503）高出2.5倍，$TFAWE$值存在较大差异。

3.4.2　京津冀地区农业全要素用水效率影响因素分析

上述研究利用超效率SBM-DEA计算了京津冀地区2001—2019年的农业全要素用水效率，并分析了省区间差异及年际变化趋势，在宏观层面上了解了京津冀地区农业水资源实际利用状态与有效配置理想状态之间的差距。为了进一步摸清这种差距存在的原因及影响因素，本书基于前人研究和数据的可获得性，系统考察了自然条件、水利设施、农业生产状况、社会经济条件等具体因素对北京、天津和河北三地农业全要素用水效率的影响程度。

（1）影响因素变量的选择与说明

在自然条件方面，本书选取人均水资源量、年降水量和地下水占供水总量的比重3个指标来反映北京、天津和河北三地的水资源状况；在水利设施方面，选取水库总容量、节水灌溉面积与有效灌溉面积的比值作为2个影响变量；在农业生产状况方面，选取3个代表变量，分别是粮食蔬菜面积比值、牧渔业占农业总产值比重及人均播种面积；在社会经济条件方面，选取农村劳动力素质、农业生产资料价格指数和农村居民家庭人均纯收入3个指标来代表（见表3.9)[①]。

需要指出的是，本书农村劳动力素质根据Hall等的方法计算得出：假定第i个省份在t时期的农业从业人员的平均受教育年限为Y_{it}，则劳动力素质可以表示为$L_{it}=e^{\varphi(Y_{it})}$，其中$\varphi(Y_{it})$为明瑟收入方程（Mince income equation）中的教育回报率。按照我国当前的统计口径，农村居民家庭劳动力文化状况可以划分为不识字或识字很少、小学、初中、高中、中专、大专及以上，另

[①] 需要指出的是，由于人均水资源量、年降水量、水库总容量和农村居民家庭人均纯收入这4个变量的数值较大，与其他解释变量的数值之间存在较大差异，为使各变量在同一数量层次，便于估计结果的解释和书写，因此对这4个变量做对数化处理。

外，Psacharopoulos 等（2004）的数据表明，中国教育回报率在小学教育阶段为 0.18，中学教育阶段为 0.134，高等教育阶段为 0.151。在此基础上结合我国学制实际情况，设 $\varphi（Y_{it}）$ 为分段线性函数，将平均受教育年限在 0~6 年、6~12 年、12 年以上的系数分别确定为 0.18、0.434 和 0.151。平均受教育年限通过每百个劳动力文化状况加权平均计算而得。

表 3.9　相关影响因素及效应假定

变量代码	变量名称及含义	数据来源	效应假设
LN（PW）	人均水资源量（m³）	历年《中国统计年鉴》	－
LN（YW）	年降水量（亿 m³）	历年《中国水资源公报》	不确定
GW	地下水占供水总量的比重：地下水与供水总量的比值	历年《中国统计年鉴》	＋
LN（RE）	水库总容量（亿 m³）	历年《中国统计年鉴》	－
WS	节水灌溉面积与有效灌溉面积比值：用于衡量各地区农业节水技术应用情况	历年《中国农业年鉴》《中国水利年鉴》	＋
FV	粮食蔬菜面积比值：粮食作物播种面积与蔬菜播种面积的比值	历年《中国统计年鉴》	不确定
SF	牧渔业占农业总产值比重：牧业、渔业总产值之和与农林牧渔业总产值的比值	历年《中国统计年鉴》	－
PL	人均播种面积（亩）：播种面积与乡村人口数的比值	历年《北京农村统计资料》《天津统计年鉴》《河北农村统计年鉴》	＋
HR	农村劳动力素质：根据各地区农村居民家庭劳动力文化状况计算得出	历年《中国农村统计年鉴》	＋
P	农业生产资料价格指数：以2000 年为基期进行折算（2000年＝1）	历年《北京农村统计资料》《天津统计年鉴》《中国统计年鉴》	＋
LN（INC）	农村居民家庭人均纯收入（元）：以 2000 年为基期进行折算	历年《中国农村统计年鉴》	－

注：效应假设中"＋"表示该指标与农业全要素用水效率正相关，"－"表示该指标与其负相关。

在影响变量的效应假设中，张力小等（2010）发现资源禀赋与资源利用效率之间存在负相关关系，因此假设人均水资源量影响效应为负。年降水量充足一方面可能导致农户节水意识差，另一方面也有利于减少灌溉用水，故影响效应不确定。佟金萍等（2014）认为地下水灌溉可以减少输水时间和输水损失，提高灌溉效益，因此假设供水总量中地下水所占比例与农业用水效率正相关。水库作为储水设施，其容量扩大可能会改变人们的用水预期，所以假设水库容量对用水效率的影响效应为负。一般认为，节水灌溉面积的增加可以促进水资源的有效利用，因此假设节水灌溉面积与有效灌溉面积的比值对农业用水效率的影响效应为正；另外，通常耗水种养比例越高，用水效率就越低，由于京津冀地区粮食和蔬菜各自的耗水量难以准确估算，因此种植结构对农业用水效率的影响方向不确定，而牧渔业所占比重的影响效应则假设为负。农业生产规模扩大可能有助于推广节水灌溉设施，文化程度高的农户更可能具备节水意识和更易于掌握节水技术，而受成本限制，农业生产投入要素价格的提高在一定程度上会刺激生产者的节水积极性，但是收入较高的生产者则可能不会对农业节水投入过多精力，因此假设人均播种面积、农村劳动力素质和农业生产资料价格指数的影响效应都为正，农村居民家庭人均纯收入的影响效应为负。

（2）模型设定与结果分析

由于基于超效率 DEA 测算的农业用水效率是一个大于 0 的受限变量，最小二乘回归方法会产生有偏和不一致的估计结果，因此本书采用处理受限变量的 Tobit 模型来分析农业全要素用水效率和影响因素之间的关系：

$$TFAWE_{it} = \beta_0 + \beta_1 LN（PW_{it}）+ \beta_2 LN（YW_{it}）+ \beta_3 GW_{it} + \beta_4 LN（RE_{it}）+ \beta_5 WS_{it} + \beta_6 FV_{it} + \beta_7 SF_{it} + \beta_8 PL_{it} + \beta_9 HR_{it} + \beta_{10} P_{it} + \beta_{11} LN（INC_{it}）+ \varepsilon_{it}$$

其中，$TFAWE_{it}$ 表示第 t 年第 i 地区的农业全要素用水效率，β_0，β_1，$\cdots$，β_{11} 为待估参数，ε_{it} 为随机误差。利用 STATA14.0 采用面板 Tobit 模型进行运算，结果见表 3.10。

表 3.10 京津冀 TFAWE 影响因素的面板 Tobit 模型估计结果

影响因素	系数	Z 值	P 值
LN（PW）	−0.184**	−2.33	0.025
LN（YW）	−0.041	−0.98	0.331

影响因素	系数	Z 值	P 值
GW	1.035*	1.91	0.063
LN（RE）	−0.225*	−1.72	0.092
WS	−0.366***	−2.88	0.006
FV	−0.048*	−1.87	0.068
SF	0.231	0.35	0.725
PL	−0.289	−1.66	0.104
HR	0.238**	2.19	0.034
P	0.463**	−0.14	0.892
LN（INC）	0.269	1.01	0.319
Log likelihood	34.26		
Wald chi2	267.45***	—	0.000

注：*、**、***分别表示在10%、5%和1%的水平上显著。

模型的似然比检验和 Wald 检验都拒绝了原假设，拟合优度在99%以上，回归效果较好。具体对各因素的影响效应讨论如下：

①在自然条件方面，人均水资源量与农业全要素用水效率负相关，这与前文判断的预期方向一致，印证了佟金萍等（2014）的研究发现；年降水量影响效果不显著，这可能是由于京津冀三地属于同一地理单元；供水结构中地下水比例对农业全要素用水效率有显著正向作用，这也与诸多学者的研究结论一致。

②在水利设施方面，水库总容量与农业全要素用水效率呈显著的负向关系，这与王学渊等（2008）的研究结果一致，表明水资源贮存力的提高可能会降低农民节约用水的积极性；节水灌溉面积与农业全要素用水效率存在显著的负相关关系，与预期效应相反。在一定程度上反映出，虽然近年来京津冀地区高度重视农业节水，大力推广节水灌溉技术和节水灌溉设施，但节水灌溉面积并不能代表节水技术的真正应用情况。

③在农业生产状况方面，粮食蔬菜面积比值与农业全要素用水效率呈显著负向关系，即在稳定口粮生产的基础上，压缩水稻、小麦等高耗水粮食作物的播种面积，发展优质、节水高效的经济作物有利于提升农业全要素用水效率；牧渔业占农业总产值的比重、人均播种面积对农业全要素用水效率的

影响不显著。

④在社会经济条件方面，农村劳动力素质、农业生产资料价格指数与农业全要素用水效率存在显著的正相关关系，与预期结果一致；农村居民家庭人均纯收入对农业全要素用水效率的影响不显著，分析原因可能是京津冀地区能够获得较高投资回报率的企业大多从事非农产业，节水意识不强，间接验证了前人研究的非农收入与资源利用效率存在负相关关系的观点。

3.4.3 相关启示

基于经济学视角，运用投入导向型且规模报酬不变的超效率 SBM-DEA 模型，对 2001—2019 年的京津冀地区农业全要素用水效率进行评价，并进一步采用受限面板 Tobit 模型研究了京津冀三地农业全要素用水效率的影响因素，得出以下主要结论与启示：

①在区域层面，近年来京津冀地区整体的农业全要素用水效率约为 0.6，虽然明显高于全国平均水平，但在产出、技术及其他投入要素保持不变的情况下，达到当前农业产出仍可减少 40% 的农业用水量，京津冀农业全要素用水效率存在一定的提升空间。

②在京津冀三地中，北京的农业全要素用水效率呈现上升趋势，并且基本上都处于生产前沿面；河北的农业全要素用水效率明显低于北京和天津，从而拉低了京津冀区域整体的农业用水效率水平。河北作为京津冀地区农业节水最具潜力的省份，应尽快提高农业用水效率，缩小地区差异，同时要加强三地农业水资源保护协作，开展农业节水技术的区域推广和应用。

③根据 Tobit 模型对京津冀农业全要素用水效率影响因素的研究结果，需要特别指出的是：第一，尽管供水结构中地下水比例对农业全要素用水效率有显著的正向影响，但在地下水严重超采的现实条件下，绝不能通过使用更多地下水的方式来提高农业用水效率，而应利用相关节水技术手段来减少输水和用水损失；第二，节水灌溉面积虽然能在一定程度上说明节水设施的推广普及情况，但不能反映节水技术的实际应用状况，因此在提高节水灌溉技术水平的同时更要关注农户在农业生产中是否真正使用了节水设施和采用了节水技术；第三，协同调整构建适水发展的农业结构。随着北京农业结构进一步转型升级，大力发展用水效益较高的籽种农业、设施农业、休闲农业等

新型业态，农业用水量将进一步减少；天津要充分利用海洋资源，提高水产业在农业结构中的比重；河北作为我国粮食主产区，农业用水调控要综合考虑水安全和粮食安全，因地制宜发展薯类、杂粮杂豆等旱作雨养农业，进一步提高农业用水的比较效益。

3.5　长期以来我国农业用水效率低下的内在机理分析

由实证研究结果可以看出，京津冀农业全要素用水效率整体较低，仍存在较大的提升空间。长期以来，我国水资源短缺与低效率利用并存，从经济学理论、制度环境等层面剖析，我国农业用水效率低下的主要成因如下：

3.5.1　农业水权制度有待完善，农户缺乏节水动力

经济学主要研究如何实现稀缺资源有效配置的问题。产权经济学强调产权安排和人类行为激励的内在联系，认为不同产权制度和产权结构的差异会对资源配置产生重大影响。从环境经济学视角来看，经营者对资源的开发或利用程度取决于其对该项资源的贴现率，贴现率越高越倾向于在短期内获利，而对贴现率产生最直接影响的就是产权安排。我国的水权尚未完全被清晰界定，"水权模糊"现象较为严重。没有被完全界定的水权会产生外部性，不利于实现将外部性较大地内在化的激励，资源配置效率较低。由于水资源的紧缺，农业中水资源的节约，可以将有限的水资源用于工业、居民生活以及生态方面，既可以增加工业总产值，又可以改善生态环境，提高整个社会的福利水平。就农户而言，由于我国农业水权模糊，也没有科学的农业取水定额，用水农户处于弱势地位，虽有使用一定数量和质量水的法定权利，却没有对短缺或结余水补偿或转移收益的要求权，导致水向具有更高边际收益的使用方法转移的潜在资源交易效率受阻。此外，节水行为所具有的正外部性，使得农民所获得的私人利益往往小于社会利益，作为理性经济人，农户没有主动节水的动力，使得农民缺乏节水的积极性，水资源不能得到有效的配置。

3.5.2　法律法规不健全，存在政策空白点

虽然总体来说，当前我国以《水法》为核心，形成了与农业水资源保护有关的基本法律法规，并有相应的具体规范通过行政法规、部门规章、规范性文件等形式相继出台，包括《环境保护法》《水土保持法》，以及国务院颁布的保护农业水资源的规范性法律文件、地方性法规、水利部等部门规章和地方政府规章等，但是，在节水政策文件中，宏观指导性的多，涉及农业用水管理的内容大都比较笼统，对具体操作层面和资金扶持领域的指导不足，尚未制定具体的节水措施和管理体系，也没有明确各利益相关者的责任，在可操作性方面有一定的欠缺，导致出现"口号多，行动少"的局面。

3.5.3　有效的管理机制尚未建立，缺乏监督管理

农业水资源是一个复杂的水循环系统，需要统一的管理体系，以及政府各个部门的合作。但是我国的水资源管理体系是一种交叉管理体系，形成了多头领导的局面，很容易产生矛盾，水利管理部门利益目标和地方政府利益目标的差异，会造成两者在行动上的不一致，而水管部门却缺乏足够的权力来对地方政府进行约束。在区域管理上，城乡分割、二元结构问题严重；在功能管理上，存在部门分割问题；在依法管理上，政出多门，缺乏对农业水资源的统一规划、配置和保护。另外，我国灌区长期以来在保证农业生产的正常灌溉、促进农业快速增长和农村经济发展等方面做出了重要贡献。但我国的大中型灌区大多数都是通过中央财政投资修建而成的，长期以来由国家出资成立专管机构进行管理，带有明显的计划经济色彩。这种管理方式存在严重的缺陷，导致产权模糊、管理职责不清、政事不分，缺乏科学有效的监督和激励机制。

3.5.4　宣传培训不到位，可持续发展意识淡薄

宣传培训是提高相关人员认知水平、营造良好社会氛围、争取多方理解与支持的关键性工作。2012 年出台的《国务院关于实行最严格水资源管理制度的意见》，强调要广泛深入开展基本水情宣传教育，形成节水用水、合理用水的良好风尚。2015 年 6 月水利部、中宣部、教育部和共青团中央联合印发

《全国水情教育规划（2015—2020 年）》，系统化的水情教育开始启动。但是，据清华大学课题组 2013 年针对我国农村水情意识现状的调查，得出农户水情意识仍在相对较低层次，对水常识和水制度等方面缺乏了解；节水态度和行为不端正，甚至超过三成的农户不同意实施最严格的水资源管理制度。本书后续的实证研究部分也验证了这一结论。

3.6 本章小结

3.6.1 京津冀水资源短缺形势依然严峻，农业用水比重逐年下降

京津冀地区水资源总量较少，人口密度高，人均水资源占有量远低于全国平均水平，是我国缺水最严重的地区之一。其中，2019 年河北人均水资源占有量不足全国平均水平的 1/10，北京人均水资源占有量约为全国平均水平的1/20，天津人均水资源占有量约为全国平均水平的1/40，京津冀地区水资源短缺问题十分严重。从用水结构来看，农业用水是京津冀用水的主要构成部分，2000—2019 年农业用水量年度平均为 3724.11 亿 m^3，占京津冀总用水量的 63.5%，其中河北省农业用水占京津冀农业总用水量的 86.47%。虽然京津冀农业用水量整体呈现下降趋势，但未来京津冀地区以农业为主的用水分配格局将长期存在，灌溉是用水大户的基本现状不会发生根本改变。在水土资源约束日益加剧的条件下，保障国家水安全以及粮食安全的用水需求，最迫切、最有效的办法是农业节水，推动农田水利从提高供水能力向更加重视提高节水能力转变。

3.6.2 京津冀农业全要素生产率整体较高，但仍有较大提升空间

近年来，京津冀地区整体的农业全要素用水效率约为 0.6，明显高于全国平均水平，但在产出、技术及其他投入要素保持不变的情况下，达到当前农业产出仍可减少约 40% 的农业用水量，京津冀农业全要素用水效率存在一定的提升空间。其中，北京和天津的农业全要素用水效率大多都高于京津冀区域平均水平，但北京基本上处于生产前沿面，而天津的农业全要素用水效率

还需进一步提高；河北的农业全要素用水效率明显低于北京和天津，从而拉低了京津冀区域整体的农业用水效率水平。河北作为京津冀地区农业节水最具潜力的省份，应尽快提高农业用水效率，缩小地区差异，同时要加强三地农业水资源保护协作，开展农业节水技术的区域推广和应用。

另外，根据京津冀农业全要素用水效率影响因素的研究结果，节水灌溉面积虽然能在一定程度上说明节水设施的推广普及情况，但不能反映节水技术的实际应用状况，因此在提高节水灌溉技术水平的同时，更要关注农户在农业生产中是否真正使用了节水设施和采用了节水技术。

北京农业结构调整重点区域节水生态补偿机制研究

2014年初，习近平总书记在视察北京时专门强调要调整农业产业结构，发展节水农业；随后，中央和国家机关有关部门主要领导密集到北京开展农业节水工作调研。2014年9月，北京市委、市政府下发《关于调结构转方式发展高效节水农业的意见》（京发〔2014〕16号），提出要加快推进农业节水工作，明确指出到2020年，全市农业用新水量将由7.3亿 m^3 降到5亿 m^3 左右，灌溉水有效利用系数由0.701提高到0.75以上的约束性指标，并将农业结构调整的重点区域明确为地下水严重超采区和重要水源保护区，具体涉及区域面积3113km^2，占全市版图的18.5%。

节水农业是一项社会公益性很强的事业，具有明显的外部性，但是水资源公共产品的属性使得私人收益与社会收益相偏离，农民个体很难自愿主动节水。生态补偿是资源环境保护的重要经济手段，农业节水补偿机制是激励农业节水的深层次问题，对促进农业节水具有广泛的影响和重要的现实意义。如何确保在调结构的同时不降低农户收益，提高农户参与农业节水的积极性，是北京新一轮农业结构调整工作持续高效推进的关键。本章基于北京新一轮农业产业结构调整的现实背景，实证研究北京农业节水生态补偿制度方案，探讨适宜北京的，更具有长期性、稳定性和更加灵活多变的农业水资源管理模式，也为后续围绕京津冀地区的实证研究做好预调研。

4.1 农业节水生态补偿的内涵及相关理论实践基础

本节从界定农业节水生态补偿的内涵出发，重点阐述了补偿的相关理论，如公共物品理论、利益相关者理论以及环境价值理论，并结合农业节水的属性，进行了理论分析。在此基础上，对国内外农业节水补偿实践进行了梳理总结。

4.1.1 农业节水生态补偿的内涵

我国法规规定占用农业灌溉水源、灌排工程设施必须加以补偿，这是一种"占用补偿"。农业节水生态补偿作为一种环境政策手段，是从深层次上研究农业节水的激励问题，针对"主动节水活动"，不仅仅是对农业节水主体进行简单的经济补偿，而是从体制机制着手，实行生态保护外部性的内部化：让农业节水的"受益者"支付相应的费用，农业节水主体获得合理回报，从而矫正农业节水活动所形成的环境利益和节水主体经济利益分配的关系，提高其节水积极性和节水能力，以形成农业节水的长效激励机制。与一般的行政手段相比，市场化方式的农业节水生态补偿具有更强的激励作用和更加灵活的管理形式，有利于真正实现农业节水。农业节水补偿机制包括补偿主体和客体、补偿途径、补偿方式、补偿标准等。

（1）补偿主体和客体

农业节水具有较大的公益性，因此政府作为公共需要的提供者是首要的补偿主体。在某些地区，农业节水通过水权转让扩大了水权受让主体的收益，因此补偿主体还包括农业水权受让主体。农业节水的实施者主要是灌区和农户，而灌区和农户所面临的一系列资金和技术投入问题从根本上制约着农业节水的全面发展，因此补偿客体为实施农业节水的灌区与农户。

（2）补偿途径

从经济学角度出发，可以将农业节水补偿途径分为政府补偿和交易补偿。

农业的比较效益较低，而节水工程往往需要大量资金的投入，因此需要政府补偿节水投入，使得节水投入的回报率达到或接近社会平均回报率，政府补偿一般包括政府投资补偿、公共支出补偿、金融政策补偿等方式。在水权制度完善、水市场健全、水价合理的前提下，农业用水主体能够把节约的水转移给本行业或其他行业的用水主体，甚至转移到其他地区，并由此获得节水投资或水权转让费，就产生了交易补偿这种新的补偿方式。这种以市场机制为基础的补偿方式，不仅可以减轻政府的负担，而且市场能够以更低的成本，更精确地分配资源和收益，从而更有效率地实现农业节水。按补偿主体的不同，交易补偿可以分为区域补偿、行业间补偿、行业内补偿 3 种方式。

（3）补偿方式

补偿途径明确了补偿的主体、客体及补偿的来源，而补偿方式则表明了补偿的具体操作形式。其中，资金补偿是由补偿主体对补偿对象提供资金支持的，如政府对农业节水工程建设的投资、对工程管理维护的资金补贴、对农户的直接节水补贴等。实物补偿即以实物的形式对补偿对象进行补偿，如水权受让方兴建的农业节水工程，政府对农户提供的节水设备等。技术补偿包括对农业节水技术研究、推广的补偿及提供市场信息服务等，通过提供技术支持，可以使节水主体获得必要的节水技术以及节水信息，从而提高其节水能力。精神奖励通过对有较大贡献的节水者进行嘉奖，对突出的节水行为进行宣传报道，不仅可以调动被表彰者的节水积极性，还可以提高全社会的节水意识。

（4）补偿标准

补偿标准是建立补偿机制的核心内容，只有确定合理的农业用水补偿标准，才能顺利构建农业用水补偿机制。在确定补偿标准的过程中，应参照农业用水利用功能的价值和当地平均生活水平，具体案例具体分析，充分考虑农业用水利益相关者的不同利益要求，杜绝利益单方单独决定的行为。补偿标准可以通过基于成本、基于意愿以及基于效益的计算方法确定。

4.1.2 农业节水生态补偿的经济学基础

生态补偿是一种以经济手段为主的制度安排。经济学理论，尤其是公共物品理论和利益相关者理论，是生态补偿的理论基础。

（1）公共物品理论

经济学将物品或服务总体上划分为私人物品和公共物品。其中，公共物品具有非排他性（non-excludability）和非竞争性（non-rivalry）。非排他性，即一个公共物品提供给某些人并不能排除其他人对这个物品的消费，即使他们没有支付费用；非竞争性指一个个体对某个公共物品的享受不会降低此物品对其他人的可用性。当非排他性和非竞争性存在时，市场就受到损害，因为公共物品或服务的受益人没有动力向产品或服务的提供者支持费用，"免费搭车者"的存在使得市场很难或者不可能有效地提供商品。

公共物品属性决定了自然资源环境及其所提供的生态服务面临供给不足、拥挤和过度使用等问题。水资源作为一种公共物品，在农业用水领域，没有环境服务付费将导致水资源保护、管理和建设的投资不足。例如，农民减少了水的使用，增加了生态用水的量，附近的公众都能享受生态环境的优化而不用支付费用，长期下去，节水的农民在没有得到利益补偿后，不会长期节约用水，优美的环境不会得到长期的供给，必须建立合理的节水生态补偿机制解决好水资源这一特殊公共物品消费中的"搭便车"现象，解决好农业节水者的合理回报，激励农户节水行为的持续性。

（2）环境价值理论

环境的价值包括使用价值和非使用价值两部分。环境的使用价值又分为直接使用价值、间接使用价值和选择使用价值。所谓直接使用价值是指直接进入当前的生产和消费活动中的那部分环境资源的价值，如水资源使用费；间接使用价值是指以间接的方式参与消费和经济活动过程的那部分环境资源的价值，如生态功能、水环境质量等；而选择使用价值则是指当代人为了保证后代人对环境资源的使用对环境源所表示的意愿支付，如对保护森林、生物多样性等的意愿支付。环境的非使用价值又称存在价值，包括人类发展中有可能利用的那部分环境资源的价值，及能满足人类精神文明和道德需求的环境价值，如美丽的风景、濒危物种等。农业节水产生了多方面的环境价值，节约了水资源、保护了生态、增加了生物多样性等，从而构成了节水生态补偿的基础和依据。

（3）利益相关者理论

经济利益是人类一切经济活动的直接目的和最终目的。在经济利益驱动下，利益机制将不同主体、客体和中介有机结合起来，成为推动经济活动的关键性因素。生态补偿将环境的外部性和非市场价值转化为真实的经济激励，是调整经济发展与环境保护相关主题之间利益关系的一种制度安排，而利益相关者的满意程度以及对满意度（利益最大化）的追求，决定着行为主体的激励，影响着利益相关者的策略行为，从而对制度绩效产生重要影响。

农业节水生态补偿机制的构建运行中必然涉及多方利益主体，各个利益主体因其追求的具体利益内容不同，其在制度变革中受到的影响程度也存在较大差异，势必产生相关的利益冲突和矛盾。利益相关者理论要求运用协商、缓解的方法以减少冲突和协调争论，因此需要借助于某种制度安排，使得在这样的安排下，各利益主体能够协调达成总体一致的目标，从而追求利益最大化。例如，同时对节水的合作方和不合作方，或称投入者与不投入者，都有着相应的补偿或惩处办法，则可能会激发双方利益主体都采取积极的投入或合作方式。

4.1.3　农业节水生态补偿的国际实践经验

（1）美国农业节水生态补偿实践

美国农业节水生态补偿方式的主要表现为"自由的市场交易"，即在水资源产权界定清楚的情况下，通过自由的市场交易，相关方按供求关系实现利益均衡。美国是实施水权制度较早的国家，其水权制度建立在私有制的基础上。作为一种私有财产权利，水权可以继承、有偿出售转让，这对用水者的节水积极性起到极大的促进作用。当前，水权转让和水银行是美国农业水资源商品化运作的两种典型模式，能够灵活调配使用农业水资源，从而提高农业水资源的利用效率和规范化水平。

①水权转让补偿。水权转让类似于不动产的转让，出让人将自己节约用水省出来的多余水量使用权转让给他人，作为交换受让人为出让人提供合理的资金补偿或用水设施改造。水权转让是美国农业灌溉用水转变为城市用水的主要形式，属于长期且无有效期限的水权交易。例如，洛杉矶与 Imran Ling灌区签订协议，灌区采用渠道防渗等节水灌溉措施，并将节省出来的农业用水有偿转让给洛杉矶，作为补偿，洛杉矶需要支付相关节水工程建设的投入

资金和部门运行费用。另外，亚利桑那州的法律也规定，城市必须缴纳"地下水经济发展基金"，才能够购买或者使用农村地下水。

②水银行补偿。水银行是一种第三方水资源补偿机制，类似于金融银行的中间机构。简单来说，就是从水权富余者购买、租赁水权，并将其出租或出售给需要用水的主体，大大降低了一对一进行水资源交易的成本。与水权转让不同，水银行一般都属于短期交易，水权配置有时间限制。美国加州在1991年建立了世界最早的水银行，随后其他各州也陆续开展了此项业务。作为买卖双方的中介，水银行提供水权交易的平台，负责合约设计、水价等焦点问题谈判、结算及监督管理等工作，具体运作流程见图4.1。

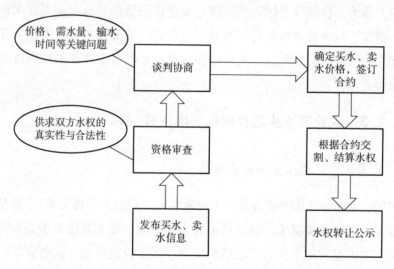

图4.1　美国水银行运行机制

③政府财政补偿。除了市场化手段，美国政府在农业节水生态补偿中也发挥了极其重要的作用。首先，美国政府投入巨额资金修建了加州的北水南调等大量的基础水利设施，缓解了水资源地区分布不均衡的难题；其次，大力发展节水灌溉工程，通过退税、低息免息贷款、发行专项债券等财政、金融优惠政策，支持农业节水灌溉设施的建设，在全国范围内建成非常完备的节水灌溉体系；最后，高度重视农业节水技术的推广，在不同地区设置从事农田灌溉实验的研究中心，并无偿向周边农民提供灌溉技术和方法等方面的培训，同时农业部有一笔专项资金用于建立节水示范区，以引导农民自觉采

用先进的节水灌溉技术，并且对采用农业节水灌溉技术的企业和个人给予财政补贴。

（2）日本农业节水生态补偿实践

日本农业节水生态补偿方式的主要表现为"产权的分配与让渡"，即通过产权的分配与让渡使相关方权利乃至利益均衡。当前，农业仍然是日本的用水大户，约占总用水量的2/3，且农业用水90%以上为水田灌溉用水。日本农业水权分为两种：一是《河川法》实施前的"惯例水权"，是历史沿袭下来的农业用水秩序；二是现行《河川法》规定的"许可水权"，新增农业用水需得到河流管理者的认可并办理相关手续。在日本，江河水归国家所有，因此日本水权指的是水的使用权而非所有权，水权拥有者（包括农业用水户）不得随意改变水权用途或单独转让水权。日本农业水权期限为10年，到期之后，需要对用水户的用水状况和河流的可利用水量进行调查以确定新的农业水权。

近年来，随着日本城市化和工业化的推进，工业和生活用水需求急剧增加，而耕地面积减少却导致农业用水剩余，实践中产生的水权转换经常通过工业和生活用水主体投资农业节水领域并获得结余水量方式来实现，这种间接的水权转让在一定程度上促进了节水农业的发展。日本农业水权转换补偿分为政府补偿和交易补偿两大类，不同的受益方采取不同的补偿方式：政府补偿是指国家各级政府对补偿对象的补偿，补偿方式包括资金补偿和政策补偿。资金补偿通过对灌区工程改造所需资金进行补贴或对水权受让方进行转移支付来实现；政策补偿则是出台促进农业水权合理转换的相关政策法规。交易补偿是水权受让方对水权出让方的补偿，补偿方式主要为资金补偿，包括节水工程或土地整理的工程成本及相关运行管理费用。

在补偿金额上，日本农业水权转换只考虑了灌溉系统新建或改造、维护费用，没有考虑农业水权转换的生态环境影响和水资源的替代成本，因此农业水权转换补偿金额总体上相对较少，主要原因一是日本水资源较为丰富；二是随着水资源逐渐稀缺，避免农业水权拥有者通过水权转换获得过高收益而引起非议。尽管如此，除获得农业水权转换的资金补偿以外，由于灌溉设施水平提高，生产条件得到改善，农民还会获得一笔可观的生产收益。

（3）以色列农业节水生态补偿实践

以色列农业节水生态补偿方式的主要表现为"收费及限额交易"，即由政府代表全体国民向公有资源的私人使用者收费，并分配交易限额。以色列属于水资源严重匮乏国家，1959年出台《水资源法》，规定境内的全部水资源都归国家所有；2006年成立水利委员会，对全国水资源和水循环工作进行统筹管理。为了提高水资源利用率，以色列建立了科学精确的水资源配给制度，水利委员会每年都得做出生活、工业、农业等部门的配水决策，其中农业用水量是根据不同作物用水量标准及其种植面积确定，大约占总用水配额的60%~70%。

①农业水费补偿。以色列的农业水价制度实行定额用水和阶梯水价管理，对每个农户的用水配额都设定了一个上限值，并且为了进一步鼓励农业节水，农业水费是按照农户用水量占其用水配额百分比缴纳的。以色列水价的定价原则是回收全部成本，因此总体来说水价较高，但通过建立补偿基金对农业水费进行补贴，同时采用经济激励手段强化农业用水管理，奖惩分明，对用水超出配额的用户实行罚款，用来奖励按配额用水的用户，以促进节水灌溉。具体如表4.1所示，以色列农业用水水价普遍低于工业用水，对配额水的前50%农业用水按正常水价0.496美元/m³收取，随后分阶段逐渐提高，对超过配额用水的前8%定价0.887美元/m³，再多的超额用水收费为1.049美元/m³。此外，为了节约农业用水，以色列还鼓励农民使用处理过的城市工业污水或海水淡化水进行灌溉，其收费标准比国家供水管网提供的优质水价低20%左右，亏损由政府补贴。

表 4.1　以色列阶梯水价　　　　　　　　　　　　　单位：美元/m³

配额用水百分比	自来水		污水再利用	海水淡化水
	农业	工业		
少于50%	0.496	1.18	0.225	0.3
50%~80%	0.571			
81%~100%	0.724			
101%~108%	0.887	1.475	0.282	0.375
108%以上	1.049	1.77	0.338	0.45

资料来源：https://wap.sciencenet.cn/home.php?mod=space&do=blog&id=739071。

②农业节水技术补偿。以色列的农业节水技术处于国际领先水平，主要归功于以下两个方面：一方面是对农业节水技术研发的巨大投入。据统计，以色列平均每年投入农业研发的资金高达8000多万美元，占全国农业GDP的3%左右。经过多年发展，以色列成立了一批高水平的农业研究机构，农业节水灌溉技术十分成熟，农业灌溉用水平均利用率达到90%。另一方面是良好的农业技术推广服务体系。政府提供充足的财政资金用于支付推广人员的工资及其他费用，并采用自上而下的运行模式提高技术推广效率，保证科研成果能迅速运用到农业生产中。在农业实践中，政府提供财政补贴组织推广人员免费对农民进行灌溉技术指导、示范并提供咨询服务，及时解决农户或农业经营者在农业用水中遇到的实际问题，取得了显著的成效。综上所述，以色列农业节水技术补偿，既包括农业节水技术研发的补偿，也包括农业节水技术推广的补偿。

（4）经验启示

以上分析了3个典型的开展农业节水生态补偿的国家，虽然各国的国情不同，采取的政策手段和成功经验也有所不同，但对北京开展农业节水补偿工作具有一定的借鉴意义，主要体现在以下方面：

①充分发挥政府和市场互补的作用。就世界范围来看，虽然政府购买仍是生态补偿的主要方式，但这并不意味着政府需要大包大揽，政府可以利用市场化手段通过经济激励来提高生态效益，采取政府和市场相结合的组合补偿模式。美国自由的水权交易形成了一个有效率的市场，补偿标准则由买卖双方的供求均衡决定，并且农民参与补偿机制的建设，参与政府谈判、竞价等，可以调动农民保护水资源的积极性。我国农业节水生态补偿制度的建立也应遵循政府和市场互补的原则，发挥市场机制对水资源供求的引导作用，尝试应用政府补偿与市场化补偿相结合的机制对农业节水进行补偿。

②明确农业水权。水权明晰、水权制度完善是各国实施农业节水补偿的重要制度体系。我国农业水权大多以农业取水许可的形式存在，并且对农业用水量缺乏科学的水量核算和水质分析，农用水水权主体模糊、农用水水权使用权属性不清，导致农民主动节水的积极性不高。另外，在我国部分实施农业水权转让试点的地区，水权期限也不明确，容易对农民利益造成损害。

因此，要建立健全农业水权及水权交易市场，加强广大农民对水资源有偿使用的认识，增强农民的节约用水意识。

③加强农业节水生态补偿的制度化和法律化。要保障农业节水生态补偿的顺利实施，需要进一步从法律上对补偿标准、补偿方式和补偿对象做出明确规定，并制定相关的法律法规来避免可能出现的纠纷和不当行为，降低市场交易成本。在构建和发展水权交易市场的过程中，要建立健全水权交易市场的法规和交易细则，同时加强对各种交易行为监管，促进水权、水市场更加规范和有序发展。

④建立并完善农业节水生态补偿基金。节水工程的建设、运行和维护需要投入大量的资金，各国政府都把财政投入放在支持节水农业发展的突出位置，表现为政府直接投入、政策性贷款、减税免税等多种形式，并且这种财政扶持政策是持续和相对稳定的。首先，在农业节水生态补偿资金的来源方面，通过国家财政补贴的方式进行弥补是一种有效的手段，应起主导作用。其次，相关受益区域和单位也应负担一定的补偿费用。同时，要积极发挥价格的经济杠杆作用，以奖代补，激励农民节水。

4.1.4 农业节水补偿的国内实践经验

（1）甘肃张掖市农业节水补偿实践

①政府补偿。在《黑河干流水量分配方案》的基础上，投入23.5亿元对黑河中游地区进行灌区节水改造，从灌区来看，提高了输水效率和水利用率，降低了管理难度。从农户角度来看，提高了农民的用水便利性，减轻了水管理劳动。整体降低了灌区和农户实现农业节水的准入门槛，调动了灌区和农民的农业节水积极性。

②交易补偿。张掖市实施的以建立水权制度为核心的交易补偿制度，是我国首次通过明晰水权、有效配置水资源等方式，促进节水的尝试。水权制度的建立让张掖农民有了经营水资源的权利，促进他们积极通过结构调整等措施，将结余的水资源进行有偿转让。通过行业内部、行业之间的水权交易，使平时用水节省的农民和用水量大的农民之间，农业和工业、生活、生态之间拥有了自主的转让权和受让权，改变了过去农民要想多用水就得去抢水、偷水的

不良现象,实现了区域内、区域间的用水总量平衡和经济社会的可持续发展。

(2)浙江农业节水补偿实践

浙江省东阳市和义乌市同处钱塘江重要支流——金华江流域。东阳市拥有横锦水库等两座大型水库,水资源较为丰富,而随着义乌小商品城的快速发展和城市化的推进,义乌市缺水问题越来越严重。2000年双方经过反复协商,探索利用市场机制解决缺水问题,签订了水权交易协议。为获得东阳市横锦水库每年5000万 m^3 水的永久使用权,义乌市支付给东阳市2亿元的水利建设资金以及按每年实际供水量以0.1元/m^3 计算的综合管理费(含水资源费)以补偿东阳市的农业节水行为。通过转让,东阳市政府为横锦水库多余的水找到了出路,同时促进了灌区节水改造活动的开展。

(3)内蒙古农业节水补偿实践

内蒙古大唐托克多发电有限责任公司为满足自身发展需求,2000年与地方政府协商,采取投资农业节水改造工程以置换水权的办法来解决新增用水问题,通过投资8950万元实施内蒙古五大灌区节水改造工程,换取通过变漫灌为渠系化灌溉从而改善灌溉面积190多万亩所节约出来的0.5亿 m^3 灌溉用水指标。鄂尔多斯、包头等多个地级盟市也已开展引黄灌区节水改造工程,实现了盟市内农业水权向工业水权的转让,并探索对社会上的闲置用水指标进行收储和转让的模式。

(4)新疆哈密地区农业节水补偿实践

哈密地区属资源型缺水地区,且区内无过境河流,只能通过挖掘自身潜力来解决水资源短缺问题。近年来,当地政府建立了具有哈密地区特色的农业节水支持工业发展、工业反哺农业节水的良性运行机制,通过补偿机制进行水权转换,优化了水资源配置,实现了水资源的高效利用。

目前,在哈密地区成功实践农业节水补偿机制的工程项目有向矿产资源开发企业供水的射月沟水库,有向煤电、煤化工企业供水的峡沟水库,已有水权实施转让农业节水补偿费也已落到实处,并将长期得以补偿。在节水补偿实施中发现,科学合理地明确初始水权即初始水量分配方案至关重要,这是补偿机制成功的先决条件和基础；而正确的水量计量、合理的水价计算、顺畅的交割及规范的制度则是各方达成共识的关键点。实践证明，在新疆哈密地区建立的农业节水补偿机制保障了企业、农民、水管单位、政府和社会各方的利益，调动了各方参与节水工程建设的积极性，切实提高了水资源的利用效率和效益。

4.1.5　北京生态补偿工作进展

（1）山区集体生态林补偿机制

北京市农业生态补偿机制最先从林业开始启动。市政府于 2004 年 8 月下发了《北京市人民政府关于建立山区生态林补偿机制的通知》。同年 9 月，北京市林业局和北京市财政局联合下发了关于《北京市实施山区生态林补偿机制办法》的通知，对具体的补偿范围及管护人员的要求等细则做出了明确的规定。与此同时，北京市财政局下发了《关于北京市山区生态林补偿资金管理暂行办法的通知》，对补偿资金的使用和管理做出了明确的规定。按照"养山就业、规范补偿、以工代补、建管结合"的方针，从 2004 年 12 月 1 日开始，北京市全面开始山区生态林补偿工作，补偿范围是经区划界定的山区集体所有的生态林，总面积为 60.8 万 hm² （912 万亩）。

补偿标准按照 2003 年全市山区人均收入计算，2003 年全市人均收入为 5000 元，其中低于 5000 元的农户占总农户的 60%。对此，将管护人员工资定为月均 400 元、年均 4800 元标准。经测算，全市山区生态林需要配置管护人员近 4 万名，年投入补偿资金 1.92 亿元，平均每公顷每年投入 315 元。补偿资金由乡镇财政以"直补"的补偿方式发给管护人员，市、区（县）财政部门按照 8：2 的配套比例积极筹措补偿资金。随后，市政府办公厅于 2009 年又下发了《完善山区生态林补偿机制的通知》，从 2009 年 7 月 1 日起将生态林管护员公益性岗位补偿标准由 400 元提至 440 元，并确定今后每 3 年提高 10%。

同时为进一步完善形成长效机制，保护本地农民的利益，管护人员原则上从本村农民中选用，不得雇用外地人员。为了体现公开、公正、公平原则，由乡镇政府同意组织，采取农民个人自荐、村民委员会推荐、抓阄等方式选择，在乡、村公示后，确定管护人员。对生态林面积大、劳动力不足的村，由乡镇政府负责就近从邻村的农民中选用管护人员。对林少、劳动力多的村，管护人员采用定期轮换制度，但要求管护时限不得低于 1 年。山少人多的村，如果报名人员远远超过所需管护人员数，在村干部也无法裁定的情况下，采取抓阄方式产生管护员。在选择管护人员时，还应考虑低收入的农民家庭。

（2）区域内水资源生态补偿

①专项资金补偿。2005 年 11 月，北京市财政局下发了《关于印发北京市郊区县水源地保护专项资金使用管理的有关规定的通知》。水源地保护专项资金是北京市财政每年从水资源费预算中安排的专项用于郊区县水源地保护的资金，主要用于解决水源地保护区内农村饮水问题、小型粪污处理工程兴建、节水灌溉工程兴建、生态清洁小流域建设以及其他水源保护项目等。利用该项资金，北京市对水源地采取了严格的保护措施，水库上游地区重点推进三道防线建设。河、水库生态环境明显改善，河道有水则清、无水则绿。密云水库水质保持在 Ⅱ 类水质标准，为优质饮用水。官厅水库水质由劣 V 类改善到 Ⅳ~Ⅴ 类，其中门头沟三家店段一直保持Ⅲ类水质标准。

②政府"购买"补偿。北京市的资源性缺水问题导致了流域间人为的频繁调度，打破了流域自然的生态平衡，很多河流出现了"有河皆干，有水皆污"的情形。随着水资源短缺形势的日趋严峻，北京市加大了对各河流系统的治理力度，由市财政投资先后实施了转河治理工程、清河治理工程、引温济潮工程等。这些工程的实施使得河流生态系统得到初步修复，沿河生态环境也得到了极大的改善。

③以人为本的生态就业补偿。为有效保护水源，促进生态涵养，同时增加农民收入，北京市在积极探索发展生态经济和保水"产业"的基础上，建立起"生态林管护—养山就业、农村卫生保洁—保洁就业、村级管水合作社—管水就业、乡村道路管理—养路就业"的生态公益性就业机制，使水源保护区的农民实现了"生态就业"。

（3）跨区域生态补偿

为了保证北京市的清洁饮用水源，北京市和中央政府实施了《21 世纪初期（2001—2005 年）首都水资源可持续利用规划》、稻改旱等项目，要求上游地区保护水源地并对上游地区给予一定的经济补偿。北京市对上游水源地的生态补偿采用了国家财政转移支付和区域合作共建相结合的模式。具体包括项目补偿，直接补偿，产业带动、政策扶持等。

①项目补偿。多年来，为了改善上游生态与环境，促进区域协调发展，北京市以各种大型项目为载体开展生态补偿合作共建项目，实现对官厅、密云水库上游的补偿。

自 2001 年起，《首都水资源可持续利用规划》中涉及对河北、山西等邻省的水资源涵养与保护等项目已经开始逐步落实。1996—2004 年，北京市每年向承德市的丰宁、滦平两县提供资金 100 万元；1997 年，向张家口市赤城县提供资金 50 万元，用于局部小流域综合治理工程。2005 年 10 月，北京与张家口、承德两市分别组建了京张、京承水资源环境治理合作协调小组，确定北京连续 5 年每年支付资金 2000 万元，用于张承地区相关区（县）水资源环境治理项目。2006 年至 2007 年，北京安排支付资金 2200 万元，实施了第一批 7 个工程项目，包括潮河流域万亩节水灌溉、潮河流域农村生活垃圾填埋场、丰宁县九龙集团环境治理技改、白河流域万亩节水灌溉、黑河源头治理、宣化区羊坊污水处理和桑干河流域万亩节水防渗工程等，并取得了良好的生态、经济和社会效益。2008 年，北京市安排支持资金 5800 万元，实施第二批 6 个项目，包括跨区域水环境保护与信息共享体系建设、湿地保护、排污管网改造、节水灌溉、垃圾填埋场建设和潮河生态恢复治理工程等。

②直接补偿。直接补偿即对环境服务提供者（农户）的直接现金补偿，主要包括稻改旱、退耕和生态公益林等项目的补偿。

根据 2006 年京冀《关于加强经济与社会发展合作备忘录》，实施潮白河流域水稻改种玉米等低耗水作物的"稻改旱"项目。2006 年，在张家口市赤城县黑河流域进行"稻改旱"试点 1.74 万亩，北京按照每年每亩 450 元标准补偿农民收益损失，共计支付补偿资金 783 万元。2007 年开始在赤城的白河流域、丰宁和滦平的潮河流域全面实施稻改旱项目，其中赤城 3.2 万亩、潮河流域 7.1 万亩。2008 年开始增加补偿标准到每年 550 元/亩。

2008 年 9 月 28 日，河北省岗南、黄壁庄、王快 3 座水库的 3 亿 m³ 水通过南水北调输水管线开始向北京输送，为此，北京市按 2 元/m³ 的价格支付河北省综合水费 6 亿元，这是经过双方协商，北京市直接采用现金方式对水源区实施的补偿，是近年北京市对跨区域调水力度最大的一次补偿实践。

2009—2014 年，北京市投入 4 亿元，在张承地区营造水源保护林 50 万亩 4700 多万株，项目区森林覆盖率提升 4%，初步形成护卫京冀水源的"绿色生态带"。当地 2000 多名农民通过参与工程建设与管护，实现了绿岗就业，人均年增收 5000 元。自 2012 年起，京冀合作实施生态水源保护林建设二期工程，计划在河北省境内的官厅水库、潮河、白河、黑河、桑干河、清水河等"一库五河"流域重点集水区，再造 80 万亩生态林。

③产业带动、政策扶持。北京市出台了《北京市支持周边地区发展资金管理办法》，以 2007 年安排 1000 万元为基数，此后 3 年按照全市财政收入增长幅度递增，用于支持周边地区发展。2008 年 4 月，北京市政府签署了《北京市关于进一步加强与周边地区合作促进区域协调发展的意见》，全面加强对周边地区的合作和带动，提出建立支持周边地区发展的财政支持增长机制，由市财政安排资金，重点用于本市企业与周边地区的产业合作项目贷款贴息和对周边地区的技术支持（含提供籽种、种禽、种畜）、劳务技能培训、旅游景点宣传推介等具有带动作用的领域。

4.2 建立北京农业节水生态补偿机制的现实背景

北京是资源型重度缺水的特大城市，历届市委、市政府高度重视农业节水工作，坚持"向观念要水、向机制要水、向科技要水"的理念，加大节水工程建设力度，合理利用再生水、雨洪水等非传统水资源，建立农民用水者协会和管水员队伍，完善农业节水技术服务体系，北京农业节水取得了显著成效。

4.2.1 北京农业节水取得的成效

（1）农业用水总量逐年下降，结构逐渐优化

北京市农业用水落实最严格水资源管理制度，北京农业用水量逐年减少，

农业用水自 2007 年已退居全市用水量的第二位。截至 2019 年底，农业用水量减少到 3.7 亿 m³，不到 2001 年的 1/4，农业用水占全市用水的比重由 2001 年的 44.7% 下降到 2019 年的 8.88%（见表 4.2）。同时，农业用水结构由主要依靠地下水单一水源转向地下水、雨洪水、再生水相结合：一是大力发展再生水灌溉，控制面积已达 60 万亩；二是加大雨洪水利用，建成 1000 处农村雨洪利用工程，蓄水能力达到 2800 万 m³。2015 年全市设施蔬菜集雨窖（池）总容积达 10 万 m³，畜牧高效集雨节水工程实现总容积 6 万 m³，共回收利用雨水约 50 万 m³。

表 4.2　2001—2019 年北京用水量分布及比重

年份	用水总量（亿 m³）	农业（亿 m³）	工业（亿 m³）	生活（亿 m³）	环境（亿 m³）	农业用水比重（%）	工业用水比重（%）	生活用水比重（%）	环境用水比重（%）
2001	38.9	17.4	9.2	12.1	0.3	44.7	23.6	31	0.8
2002	34.6	15.5	7.5	10.8	0.8	44.6	21.8	31.3	2.3
2003	35.8	13.8	8.4	13	0.6	38.5	23.5	36.3	1.7
2004	34.6	13.5	7.7	12.8	0.6	39.1	22.2	37	1.8
2005	34.5	13.2	6.8	13.4	1.1	38.3	19.7	38.8	3.2
2006	34.3	12.8	6.2	13.7	1.6	37.3	18.1	39.9	4.7
2007	34.8	12.4	5.8	13.9	2.7	35.7	16.5	39.9	7.8
2008	35.1	12	5.2	14.7	3.2	34.2	14.8	41.9	9.1
2009	35.5	12	5.2	14.7	3.6	33.8	14.6	41.4	10.1
2010	35.2	11.4	5.1	14.7	4	32.4	14.5	41.8	11.4
2011	36	10.9	5	15.6	4.5	30.3	13.9	43.3	12.5
2012	35.9	9.3	4.9	16	5.7	25.9	13.6	44.6	15.9
2013	36.4	9.1	5.1	16.3	5.9	25	14	44.8	16.2
2014	37.5	8.2	5.1	17	7.2	21.9	13.6	45.3	19.2
2015	38.2	6.4	3.8	17.5	10.4	16.75	9.95	45.81	27.23
2016	38.8	6	3.8	17.8	11.1	15.46	9.79	45.87	28.61
2017	39.5	5.1	3.5	18.3	12.6	12.92	8.86	46.33	31.9
2018	39.3	4.2	3.3	18.4	13.4	10.69	8.4	46.82	34.1
2019	41.7	3.7	3.3	18.7	16	8.88	7.91	44.84	38.37

资料来源：历年《北京市水资源公报》。

注：因统计口径问题，环境用水量与生态用水量略有差异。

（2）高效节水技术快速发展，农业用水效率不断提高

农业节水技术的发展与推广对农业用水量的持续减少功不可没。近年来，北京全面推广滴灌、喷灌、微灌等高标准节水技术，采用现代化节水措施，消除了大水漫灌等不合理的灌溉方式，农田水利设施建设取得明显成效。2019 年，北京农业节水灌溉面积已达 211.98km² （见表 4.3）；农田灌溉水利用系数达到 0.7 以上，远高于全国平均水平。同时，全市还统筹农田水利建设、土地整理、农业综合开发、都市现代农业布局，通过调整种植结构、加强农业机井管理、建设一批高标准农业节水园区等措施，合力推进农业节水工作。

表 4.3 2000 2019 年北京节水灌溉及比重

年份	播种面积（khm²）	有效灌溉面积（khm²）	节水灌溉面积（khm²）	有效灌溉面积占播种面积比重（%）	节水灌溉面积占播种面积比重（%）
2000	457.3	328.2	409.7	71.77	89.6
2001	386.4	322.7	273.8	83.5	70.86
2002	342	316.7	293.5	92.61	85.82
2003	308.8	178.9	311.1	57.93	100.73
2004	312.5	186.7	301.4	59.74	96.45
2005	318	181.5	309.2	57.07	97.24
2006	319.53	181.5	320.9	56.8	100.43
2007	292.91	173.6	305.3	59.27	104.23
2008	319.01	241.7	286.6	75.77	89.84
2009	316.76	218.7	276.6	69.04	87.32
2010	313.62	211.4	285.5	67.41	91.03
2011	298.62	209.3	285.8	70.09	95.71
2012	278.03	207.5	285.8	74.63	102.79
2013	237.29	153	203.6	64.48	85.8
2014	194.64	143.11	193.94	73.53	99.64
2015	172.14	137.35	197.23	79.79	114.58
2016	145.55	128.47	195.04	88.27	134
2017	120.94	115.48	200.69	95.49	165.94

年份	播种面积（khm²）	有效灌溉面积（khm²）	节水灌溉面积（khm²）	有效灌溉面积占播种面积比重（%）	节水灌溉面积占播种面积比重（%）
2018	103.79	109.67	211.22	105.65	203.51
2019	88.55	109.24	211.98	123.37	239.39

资料来源：历年《北京统计年鉴》。

（3）节水灌溉措施更加综合化

综合使用多种节水灌溉措施，如工程节水灌溉技术、农艺节水技术、管理节水技术、生物节水技术、集雨节水技术等交叉使用。目前，北京市节水农业基本形成了以滴灌、膜面集雨专用、有机培肥保墒、微灌施肥等为代表的农艺节水技术，以测土配方施肥为代表的管理节水技术已在各农业示范园区推广开来，实现了农业节水与农民增收双赢。

（4）调整农村产业结构，主推节水作物

农村产业结构调整包括农村经济结构的调整和农业生产结构的调整，前者指第一、第二、第三产业的产值比，后者指第一产业（大农业）内部各经济部门（种植、林、牧、渔业等）之间的产值比。由于第一、第二、第三产业间以及大农业内部各经济部门之间的用水量差别很大，因此农村产业结构调整必然导致农业用水量和农业内部用水结构的变化。自改革开放以来，北京市农村产业结构的变化呈现以下特征：①农业产值所占比重逐年下降，而非农业产值比重持续上升；②农业总产值构成中，林业（低耗水）产值比重逐年上升（由1978年的1.74%上升到2019年的41.05%），种植业（高耗水）产值比重持续下降（由1978年的77.39%下降到2014年的36.92%），牧业产值呈现上升后下降的趋势（从1978年的20.86%上升至2004年的52.91%，后下降至2014年的36.32%），渔业产值比重很小（近年来约占2%）（见图4.2）；③农作物种植面积逐渐减少（从1978年的69.1万hm²下降至2019年的8.9万hm²），同时大力缩减水稻种植面积比例，增加玉米和小麦等相对低耗水耐旱作物种植比例。

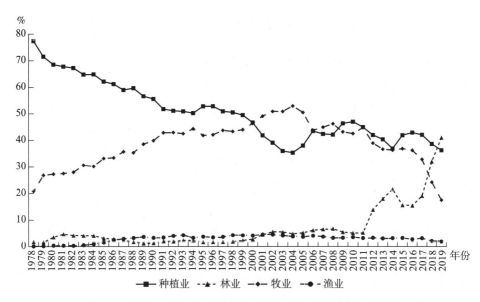

图 4.2　1978—2019 年北京农业内部各经济部门产值比例变化

4.2.2　北京农业节水存在的问题

（1）农民节水灌溉观念需不断转变

过去由于农业用水免征水资源费，一些地方虽然征收水费收缴率也很低，水费的支出占农民生产投入的比例也很小，长年来造成农民节水意识不强。此外，受传统灌溉观念的影响，农民认为灌溉就要把地浇透，对于先进的节水灌溉方式和灌溉制度不能接受，致使一些灌溉工程不能发挥应有的效用。

（2）农业节水技术仍需进一步推进

据统计，2019 年喷灌和微灌面积约占全市节水面积的 27%，低压管道输水灌溉是最主要的节水灌溉形式，在降低输水损失的同时，仍存在田间漫灌现象；同时尚未形成节水灌溉设施良性运行管护机制，存在产权不明晰、计量设施不完善、维修养护缺失、收费不到位等问题。另外，尽管节水灌溉技术已经相当成熟，但农民大多对节水常用设备的性能及合理使用程序缺乏充分的了解，使用过程中常常出现许多问题，节水设备发挥不了应有的作用。

(3) 农业节水管理体制与机制不完善

面对严峻的水资源形势，在节水灌溉工程管理上，没有建立起一套良性的管理体制与运行机制。目前，北京市末级水务管理工作主要在基层水务站，由于体制、人员素质等原因，农业用水的监管制度还不完善，监管力度还不够，农业节水技术推广和服务工作的针对性和有效性不强，节水灌溉制度宣传力度不够，农业节水的咨询和服务体系还没有完全建立起来。

(4) 农业节水科研成果转化不足

虽然节水设施很多以政府一次性投资建设为主，但后期设备的维护却长期缺乏资金、人员和技术，一旦设备出现故障，没有后续维修。而且许多设备销售公司只是销售设备，不提供安装及设备使用指导服务，节水设施安装之后就由当地的农业技术推广站的科技人员对农民进行培训指导。但在实际生产过程中，普遍存在着技术指导不到位和"重建设、轻管理"等问题，导致许多农业节水科技成果还未转化为生产力。

4.2.3 北京建立农业节水生态补偿机制的必要性

(1) 可推进北京农业节水的持续性

建立在效用价值论和扭曲的劳动价值论基础上的传统资源价值观认为"资源无价，取之不尽，用之不竭"，这是造成当前资源破坏严重的重要价值观念基础。可持续的资源价值观必须树立"资源有价，有偿使用"的观念，这种观念的确立是十分必要的。建立农业节水生态补偿机制，可以依靠经济手段实现"节水就等于增产增效"目标。通过实行补偿机制，确定补偿原则、标准和方式，能够激励农民、组织机构、地方政府的节水行为，从而实现农业节水的可持续性。

(2) 可推进北京农业产业结构调整

当前，北京市农业节水工作主要是通过应用农业高效节水技术和农业结构调整"两条腿"走路。农业作为第二大用水部门，建立节水型农业种植结构，挖掘种植业内部的节水潜力，在几乎不增加投入的情景下实现节水，对于保障北京水资源安全和农业可持续发展具有重要意义。农户是农业结构调整的实践者和探索者，其对农业结构调整的积极性和意愿决定着节水型种植结构调整能否顺利实施，因此种植结构的调整应以尊重农户意愿为前提，以提高其收入为根本目的。农业节水生态补偿机制可以使农户节水的成本得以补偿，提高农户种植节水型作物的积极性，促进农业产业向水资源消耗少、环境影响小、结构效益高的方向发展，不仅有利于北京农业产业结构调整，也是促进京郊农民增收、农业增产增效、农村可持续发展的重要策略。

（3）可保护北京生态环境

在北京市农业用水结构方面，虽然目前已经从主要依靠地下水单一水源，向地下水、雨洪水和再生水相结合的方向转变，但2010年地下水的用水量仍占总供水量的近一半。北京作为典型的资源型缺水的特大型城市，在自然降水及地下径流不足的情况下，对地下水连年超采，必然导致地下水位下降，将造成一系列生态环境问题。建立农业节水补偿机制，可以找到国家节水目标与农民经济目标、政府发展目标之间的平衡点，使农业节水成为农户和政府的共同行为，从而提高农业水资源利用率，节约更多的水用于生态建设，不仅会保护北京生态环境，也将实现国家生态保护目标。

4.2.4 北京建立农业节水生态补偿机制的可行性

（1）科学的理论支撑

生态补偿机制是自然资源有偿使用制度的重要内容之一，它是在地球人口日益膨胀、自然资源日益紧缺情况下建立和发展起来的一种管理制度。主要包括两层含义：一是自然资源作为资源性资产，具有经济价值和生态价值；二是为生态环境保护做出努力并付出代价的人理应得到相应的经济补偿，而生态受益人应当对其进行补偿。近年来，国内外学者普遍认为自然资源的生态功能是具有价值的，建议尽快建立生态补偿机制。随着市场化改革的深入和市场经济体制的逐步完善，经济手段在生态环保领域的作用日益凸显。建立生态补偿机制，可以将市场主体的环境行为与其经济利益结合起来，从而引导人们积极、主动地合理利用资源、保护环境。

(2) 当前建立节水生态补偿机制的条件比较成熟

加强水资源保护，建立生态补偿制度，得到了党中央、国务院的高度重视。2011 年中央一号文件明确提出要"建立水生态补偿机制""完善水资源有偿使用制度"；党的十八届三中全会再次提出要实行资源有偿使用制度和生态补偿制度，加快自然资源及其产品价格改革步伐，坚持使用资源付费原则；2016 年中央一号文件强调加强农业资源保护和高效利用，建立健全生态保护补偿机制；2016 年 3 月 15 日，北京市政府办公厅发布《北京市实行最严格水资源管理制度考核办法》，指出要严格执行水资源有偿使用制度。而且近些年来，全国人大和政协关于加强资源保护、建立生态补偿机制的建议和提案的数量逐年上升，其中有关节能减排、生态补偿、农业节水、环境保护的建议最为集中，充分反映了建立生态补偿制度已经具备了广泛的社会基础，建立农业节水生态补偿机制在政策层面是可行的。

(3) 丰富的实践经验与雄厚的政府财力

通过上述整理分析可以看出，近年来我国在农业节水生态补偿实践方面积累了许多宝贵的经验，北京自身在公益林生态补偿、流域生态补偿实践方面也取得了显著成效，这些都为北京农业节水生态补偿机制的构建提供了借鉴和参考。另外，北京作为首都，在国家经济管理、科技创新、信息等方面具有得天独厚的区位优势，各项经济社会事业迅速发展，城市综合实力不断提升，经济总量始终位于全国前列，具有较强的经济实力，为建立农业节水生态补偿机制奠定了雄厚的物质基础。

4.3 基于农户视角的北京节水型农业结构调整效益分析

农业节水技术的提升和农业内部结构调整是提高整体农业用水效率的两个重要途径。前者通过技术的提升，降低了农业用水各环节水资源的损失；后者在满足当地经济社会发展要求的前提下，以耗水量小的作物代替耗水量大的作物，并进行作物间优化组合。农业结构性节水立足区域自然环境和人文条件，将水资源作为农业生产的限制因素，根据水资源的时空分布特征来统筹安排农业生产，合理配置当地自然资源、市场资源、人力资源及资金投入，提高作物水分利用效率，以期获得最大综合效益。随着水资源开发利用程度的不断提高，以单纯改善灌溉工程设施和节水技术来提高水资源利用效率的成本越来越高，而通过调整农业结构，减少高耗水作物种植比重，发展节水的、优质的、高效的作物以缩减农业用水量成为现阶段缺水地区以有限的水资源促进农业可持续发展的有效途径之一。因此，建立节水型农业结构，挖掘农业内部的节水潜力，在几乎不增加投入的情景下实现节水，对于保障区域水资源安全和提高水资源利用效率具有重要意义。

农户生产行为的选择是农业结构变动的直接诱因，农户作为农业政策实施和农业生产经营的基本单元，其对农业结构调整的积极性和意愿决定着节水型农业结构调整能否顺利实施，影响着农村水资源的管理和保护。因此，农业结构调整应以尊重农户意愿为前提，以提高其收入为根本目的。

4.3.1 农户在农业结构调整中的成本分析

农户是在各种约束条件下做出理性选择的决策者，可以通过对农业市场结构的分析，做出最优结构调整决策行为。作为理性的决策者，农户的结构调整行为面临着新行业（包括从粮食作物进入经济作物、从农业经营到兼业经营或非农从业等）的进入壁垒以及原有行业的退出壁垒。

（1）农户结构调整时的退出壁垒

农户的结构调整虽然是"有进有退"，但关键在于原有经营项目的全部或部分退出，不退出就不可能进入，更谈不上调整。因此，农户的结构调整面临着原有经营项目退出的各种壁垒。根据传统经济学理论，无论在哪一种市场结构下，追求收益最大化的农户的最终定价规则都应该满足价格不小于边际成本这一条件。退出壁垒存在的根源在于"资源配置的不可逆性"，具体表现在两个方面：一是固定资产功能上的不可变性；二是劳动力资源在产业间的不可移性阻滞。具体来讲，农户结构调整的退出壁垒主要有：

①资产的专用性。我国农户的资本有机构成较低，加之专用农机具、农

业工程的数量很少，所以农业总体的资产专用性较低。但是设施农业、畜牧业、养殖业的资产专用性相对较高。

②退出的固定成本。这主要包括：土地承包权所隐含的社会保障和农户口粮安全，由农业生产的特殊性质和我国农村实际社会保障水平偏低的现状所决定，农民对退出农业生产所承担的风险和费用很高。

③信息壁垒。由于收集和整理信息所需的成本相对于现有农户的经营规模和知识水平来说较高，农户的信息壁垒表现得十分明显。地区经济发展水平、农民的科技素质、农户的经营规模、农业信息企业的发育程度是决定信息壁垒的主要因素。但是农民组织化程度的提高、农业信息化基础设施的完善、信息技术的发展与成本的降低、农村社会化服务水平的提高以及农民科技知识的普及会降低信息壁垒。

④文化和情感壁垒。我国的乡土观念较重，情感壁垒较高，而对于同一地区的农户来说，某一行业收入占总收入的比例越高，这种壁垒就会越大。

（2）农户结构调整时的进入壁垒

正确估计新入产业时的进入壁垒及其高度，是农户在做出结构调整决策时面临的又一重要问题。一般而言，进入壁垒包括绝对成本优势、规模经济、产品差异、资本需要量等。农户结构调整时的进入壁垒主要体现在以下方面：

①技术壁垒。技术是决定农产品质量的关键因素，也是农户新的经营项目竞争优势的主要来源。由于新进入者缺乏对进入产业的技术积累，只能从外部获取技术。技术的扩散速度、模仿的难易以及复杂系数是决定技术壁垒高度的主要因素。

②信息和知识。对于要进行农业结构调整的农户来说，信息和知识的拥有量也是至关重要的。如果农户对预期进入的经营项目未能获取足够的信息和知识，就难以决定要调整到哪一个经营项目、何时调整以及以何种方式和多大规模调整，这样无疑增加了农户对新的经营项目进入的难度和风险。

③资本规模。农业内部不同行业的资本规模差异较大。一般来说，种植业需要的资本规模较小，养殖业、畜牧业需要的资本规模较大；在种植业内部，粮食作物的资本规模较小，经济作物的资本规模较大。

④风险壁垒（转换成本）。农民从一种农业生产转向另一种农业生产通常是比较困难的，因为农业生产的长周期性、自然风险性以及农民自身掌握和学习新农业技术能力较弱的实际，决定了农民的转换成本较高、风险较大，即农户进行农业结构调整时往往承受较大的风险。

（3）农户结构调整时的成本核算

经济学中的"成本"，往往和"稀缺"（Scarcity）概念相联系。稀缺，是经济学的基本假设之一，意指社会拥有的资源总是少于人们所希望拥有的。面对资源的稀缺，任何社会都需要依靠一定的制度或规则来配置稀缺资源，这种配置无疑要求社会就资源的使用做出选择。而实质上，任何选择同时也是舍弃，选择从来都不是毫无代价的，而是存在"机会成本"，即为了得到某种东西而放弃其他东西的价值。

按照 Edwards 和 Johnson 等提出的固定资产理论，农户拥有的固定资产（如耕地、农业设施、知识等）的刚性使得农业生产结构不能按照农户预期目标进行及时调整，生产结构调整需要付出调整成本，Griliches 将其分解为心理成本和货币成本两个部分：农民受传统农耕文化的影响，普遍缺乏大胆创新、勇于开拓的意识，不愿轻易改变目前的种植结构，面对结构调整需要做好一定的心理准备，并为此付出心理成本。心理成本越高，调整速度越慢。与心理成本相对应，农户在进行生产结构调整时也需要付出货币成本。一般来说，由于农业生产活动通常需要某些专用性的资产，而这些特殊的或专用性很强的资产又很难在其他生产活动中使用，即会产生无法收回的"沉没成本"。

4.3.2　农户在农业结构调整中的风险分析

在传统农业框架下，农户分散经营，商品化程度极低，风险也较小。农业结构调整的过程一方面是区域优势再定位的过程，另一方面也是农业产业链延伸的过程。在这一过程中，农户的风险被陡然放大，而且风险一旦发生，给农户的打击也更大。在当前经济转型的大背景下，农户在做出结构调整决策时可能面临的风险种类较多。具体而言，可分为以下几种：

（1）自然风险

自然风险是指农户在进行农业结构调整中，由于自然灾害给农业生产造成损失的可能性。这类风险可以分为两种情况：一种是无论农户是否进行结构调整都会存在的自然风险；另一种是由于农户进行了结构调整而产生的自然风险。自然风险对农户做出农业结构调整决策的影响比较大，因为一个地区农作物耕作制度与品种结构大部分是根据当地的气候条件和资源条件而形成的，而且具有相对稳定性，农业结构调整与优化，必然会引进新的作物品种，实行新的生产制度，使原来较稳定的生产制度和品种结构被打破，稍有不慎，就会带来产量或质量下降，对农民造成收益损失。

（2）市场风险

市场风险是指农户在农业结构调整后，其生产出来的农产品能否顺利地卖出去，或个别劳动能否转化为社会劳动从而获利的不确定性；是农户在结构调整后，因遭遇市场无序变化或产品不对路而造成经济损失的可能性。在市场经济条件下，一切农业活动都直接处于市场关系中，农业结构调整后对农产品的市场供求和价格关系可能产生较大影响。

（3）技术风险

技术风险一方面是指农户在农业结构调整中由于某些技术因素，给农业生产造成损失的可能性；另一方面是指农户在农业结构调整后，因遭遇新技术不适应或新技术误操作而造成减产损失或负面影响的可能性。农户在农业结构调整中引进的新作物、新品种科技含量高，经济效益好，但某些技术可能存在着不完善性、不稳定性或不适应性，使得其推广、应用过程同时存在风险，都会给进行结构调整的农户带来损失。与此同时，农业结构调整也伴随着农业技术革新，而采用新技术也存在一些风险，一旦操作不当，很容易给农户收益带来负面影响。

（4）决策风险

决策风险是指农户在农业结构调整中因决策失误带来损失的可能性。农户的农业结构调整决策的核心就是种什么、养什么、种多少、养多少的问题，也就是决策问题。在农业结构调整中，农户可能会因为信息的不完全或误导，也可能因缺乏科学决策的知识与能力而导致决策失误。还有可能因为地方政府成为农业结构调整的决策者，有时为了急于求成，突出政绩，缺乏系统深入的市场调查，没有掌握准确的市场信息，脱离当地实际，违背农民意愿，结果使农户的农业结构调整受挫。

4.3.3　现阶段北京农业结构调整的主导方向和内容

针对首都农业发展面临的严峻形势，2014 年 9 月，北京市委、市政府印发《关于调结构转方式发展高效节水农业的意见》，要求推进农业结构调整，优化农业空间布局，加快转变农业发展方式，发展高效节水农业，全力打造都市农业"升级版"。按照文件部署，此次农业结构调整的核心是调粮保菜，做精畜牧水产业，优化农业空间布局，着重发展种业、"菜篮子"农产品生产和休闲观光农业，并在现有存量基础上提质增效，推进现代农业的规模化发展、园区化建设、标准化生产，提升农业科技和精细化管理服务水平。具体内容为：将地下水严重超采区和重要水源保护区确定为重点控制区域，在该区域内逐步有序退出小麦等高耗水作物种植，采用宜林则林、宜草则草、宜果则果、宜休耕则休耕的方式恢复水源涵养功能；暂时不能退出的，发展旱作农业或种植生态作物；不再新增加菜田，已有菜田在采取严格节水措施的前提下予以保留；规模畜禽养殖场实现节水、循环、健康养殖，未达到规模生产的散户养殖有序退出。

根据文件要求，在种植业方面，粮田占地将由 2013 年的 170 万亩调减到 80 万亩左右，其中，籽种田 30 万亩，旱作农业田 30 万亩，生态景观田 20 万亩；菜田占地将由 2013 年的 59 万亩增加到 70 万亩左右；观光采摘果园占地稳定在 100 万亩左右，升级改造其中 50 万亩低效果园。畜牧水产业将控制新增规模，疏解现有总量，提高养殖水平，发展远洋捕捞。其中，生猪年出栏计划调减 1/3，稳定在 200 万头左右；肉禽年出栏量调减 1/4，稳定在 6000 万只左右；奶牛存栏量稳定在 14 万头左右；蛋鸡存栏量稳定在 1700 万只左右；水产养殖稳定在 5 万亩左右。总体上看，北京当前的农业结构调整定向"高效节水"。

4.3.4　北京调整农业结构农户收益变动情况分析

作为一项重大的政策转变，调结构转方式、发展高效节水农业对北京农业发展的影响已初步显现。北京市统计局、国家统计局北京调查总队公布的数据显示，2015 年，全市积极推进农业调结构、转方式，发展高效节水农业，传统农业规模进一步收缩，观光休闲等都市型农业呈现良好发展态势。全市第一产业增加值达 140.2 亿元，同比下降 9.6%；养殖业规模继续缩减，生猪出栏数、牛奶产量及禽蛋产量分别下降 7%、3.8% 和 0.3%；粮食作物播种面积、蔬菜及食用菌种植面积继续减少，同比分别减少 13.1% 和 5.6%，全年粮食产量、蔬菜及食用菌产量分别下降 2% 和 13.1%。然而，符合城市功能定位的观光休闲农业等都市型农业却得到稳步发展。2015 年全市观光园实现收入 26.3 亿元，同比增长 5.6%；民俗游实现收入 12.9 亿元，同比增长 14.2%。可以看出，首都农业的内部结构已经发生了变化，而这些变化势必会对农业生产重要主体——农户的收益产生显著影响。

用水成本变化——以高效节水试点区为案例

（1）顺义区

作为地下水严重超采区之一，顺义区将按要求深入推进种植业结构调整，建立地下水超采核心区高耗水作物有序退出机制，调减小麦等高耗水作物 7000 亩。调整之后，退出区域将主要改种春玉米，实施旱作雨养生产，并做好应用抗旱品种、抢墒等雨播种、绿色防控等技术推广，以达到节水的目的。同时，也将持续研究出台植树造林、发展果园苗圃、林下经济、采用其他替代作物等措施。

为了鼓励农业生产者节水，顺义区按照"装表计量、定额限制、超量加价、节约有奖"的原则，在大孙各庄镇试行以农业综合水价形式收取农业水费。以前，农业用水不收费、不限量，农业灌溉的费用就是所使用的电费，每千瓦时的价格在 0.6 元到 1.5 元之间。改革以后，用水定价为每立方米 0.65 元。其中，设施农业灌溉每年每亩限额标准为 $500m^3$、大田 $200m^3$、果树 $100m^3$。超过限额部分则加收水资源费，大田每立方米为 0.08 元，其他每立方米为 0.16 元。此外，在限额内每节约 1m³ 奖励 1 元。

以该镇的东华山村为例，该村有 1080 亩灌溉用地，其中，平原造林的林地占 750 亩，果树 200 余亩。以前，农户灌溉一亩地大概用 100 度电，用水200m³，费用为 70 元。现在，有了"奖节罚超"的激励措施，农户开始千方百计节水，一亩地平均用水量仅为 100m³，费用为 65 元，用水量和灌溉费用都有所降低。目前，"阶梯水价"政策已在大孙各庄镇全面铺开，该镇同时招聘了 75 名管水员，负责水利设施和非法钻井等工程的巡查和水费的收取工作。

（2）房山区

与顺义区一样，房山区也开展了农业水价综合改革，选取了包括贾河村在内的 11 个村为试点，在机井首部安装远程超声波流量计、IC 卡智能控制器，实行用水计量，并在试点核心区建设喷灌、滴灌、微喷等节水设施，双管齐下促进农业节水。

以种植大户李××家为例，其承包果园 50 亩，种植着 400 多棵梨树。以前浇树都用大水漫灌，水资源浪费现象非常严重。据测算，梨树每年需要在开春时浇一次水，9 月份再浇一次，每亩地一年需要用 600m³ 水。按照每度0.623 元的电价，1 度电能出水 5m³，50 亩地每年要交 3750 元左右的电费。农业节水政策实施后，400 棵梨树全部安装上节水设施，每棵梨树都连接着错综复杂的输水软管，分别插入梨树根部直径为 1 米的圆坑内，实现了小管出流的灌溉方式。按照村里分配的年用水指标，50 亩梨树每年可用 5000m³ 水，只需要以前用水量的 1/6。在限额水量内，按照每立方米 0.56 元收取水费，每年只需交 2800 元水费，比以前节省了 950 元。

4.3.5 北京调整农业结构农户收入结构变化

以平原造林工程为例，通过造林，农民一方面可以获得经济补偿，另一方面还有机会担任林业管护人员，实现固定工资就业，这在一定程度上提高了农民调结构的积极性。据了解，"调转节"政策实施以后，北京市调整提高了原有生态林用地和管护补助标准，统一执行与平原造林工程相同的政策。此次政策调整的生态林范围，包括通过第一道、第二道绿化隔离地区建设和"五河十路"绿色通道建设工程建成的生态林，以及在上述工程实施前该区域内由国家和市政府投资建成的生态林中，未办理规范用地手续、管护费标准低于平原地区造林工程的部分。据了解，纳入范围的生态林总面积有 44.84万亩。调整后，一道绿隔地区生态林用地补助继续保持每年每亩 1500 元，管护补助由每年每平方米 2 元提高至 4 元；二道绿隔地区生态林用地补助按照功能区分别由 650 元提高到每年每亩 1500 元和 1000 元；"五河十路"绿色通道按照功能区分别执行每年每亩 1500 元和 1000 元的政策标准，管护补助由每年每平方米 0.3 元提高到 4 元。

另外，有的地区则通过结构调整，培育出新的产业，找到了新的经济增长点，顺利实现了农户增收。以密云县巨各庄镇蔡家洼村为例，该村将 2014年还在种植玉米的丘陵山地改造成了香草园，部分实现了产业转型。据了解，2015 年，在密云县农业服务中心的支持下，该村积极打造 800 亩香草园，种植香草 10 余个品种、300 万株。2015 年以来，到该园区参观的游客已达 15 万人次，仅门票收入就达 750 万元。而且，其他玉米田也改种谷子、蔬菜等作物，村里的种植结构得到彻底改变。

4.4 北京农业结构调整的农户参与意愿及补偿政策分析

农户作为生态补偿实施的基本单元，是生态补偿的最初动力和推广者，在资源保护政策执行中扮演着关键角色，因此，农户的合作与受偿意愿尤为重要。鉴于此，本节拟通过调研数据分析农户参与新一轮农业结构调整的意愿及影响因素，了解农户关于农业节水的受偿意愿、补偿方式等信息，估算相应的补偿标准，探索北京节水生态补偿制度的有效政策组合，以期为推进北京节水农业发展提供实证依据。

4.4.1 调查情况及样本情况

（1）问卷设计[①]

第一部分是农户对节水型农业结构调整的意愿调研。包括农户对水资源

---

① 详见附录。

紧缺问题的认知、对节水工作的态度、对结构调整的知晓程度等。

第二部分是农户对农业节水政策的意愿调研。采用选择实验法提供了 5 个假设场景，每个场景包括 4 种节水政策方案。

第三部分是样本基本情况。包括受访者的性别、年龄、受教育程度、家庭收入、家庭人口、劳动力情况等。

（2）调查实施

本次调查共发放 500 份问卷，实际回收 479 份，剔除填写错误的样本（如前后矛盾、信息严重残缺等），最后得到有效问卷 368 份，问卷有效率为 73.6%。根据研究需求，调查地点选取北京农业结构调整的重点区域，包括顺义区、大兴区、通州区、房山区、怀柔区和海淀区，每个区调研 1~2 个乡镇。被调查人群主要是当地直接参与农业生产的农民，通过调研问卷的方式，并结合入户访谈、小型座谈会等形式进行。

（3）样本特征描述性分析

如表 4.4 所示，在本次调查的 368 名农户中，从性别构成看，男性多于女性，具体男性有 206 人，占样本总量的 55.98%；女性有 162 人，占样本总量的 44.02%。从年龄构成看，40 岁及以下的农户有 70 人，占样本总量的 19.02%；41~60 岁的农户最多，占样本总量的 76.36%；60 岁以上的有 17 人，占样本总量的 4.62%。当前农村劳动力外出打工现象较为普遍，在农村从事农业生产劳动的主要是中老年农民，因此从农户年龄特征上来看，本次调查的样本具有一定的代表性。受访农户的受教育程度总体来说较高，接受过高中或中专教育的农户有 158 人，占样本总量的 42.93%；接受过初中教育的农户有 135 人，占样本总量的 36.69%；受教育程度在小学及以下和大专及以上的农户较少，分别有 37 人和 38 人，分别占样本总量的 10.05% 和 10.33%。被调查农户受教育程度相对较高，有利于其理解调研中所提供的政策选择集的实际含义，提高利用选择模型法开展实证研究的有效性。在农户的家庭特征中，家庭月均纯收入在 2000 元及以下的有 113 户，占样本总量的 30.71%；月均纯收入在 2001~4000 元的有 117 户，占样本总量的 31.79%；月均纯收入在 6001~8000 元的农户有 38 户，占样本总量的 10.33%；月均纯收入在 8001 元及以上的农户有 13 户，占样本总量的 3.53%。家庭务农人口为 2 人的最多，有 190 户，占样本总量的 51.63%；务农人口为 1 人的共 87 户，占样本总量的 23.64%；家庭务农人口为 3 人的有 58 户，占样本总量的 15.76%；务农人口在 4 人及以上的有 33 户，占样本总量的 8.97%。

表 4.4　样本个体特征描述性统计

样本	描述	频率	占比（%）
性别	男	206	55.98
	女	162	44.02
年龄	40 岁及以下	70	19.02
	41~50 岁	146	39.67
	51~60 岁	135	36.69
	60 岁以上	17	4.62
受教育程度	小学及以下	37	10.05
	初中	135	36.69
	高中或中专	158	42.93
	大专及以上	38	10.33
家庭月均纯收入	2000 元及以下	113	30.71
	2001~4000 元	117	31.79
	4001~6000 元	87	23.64
	6001~8000 元	38	10.33
	8001 元及以上	13	3.53
务农人口	1 人	87	23.64
	2 人	190	51.63
	3 人	58	15.76
	4 人及以上	33	8.97

4.4.2　农户参与节水型农业结构调整的意愿研究

（1）问卷调查结果统计分析

如表 4.5 所示，在关于"您所在的地区是否缺水"的回答结果中，101 人选择了"不缺水"。其余的 267 人中，有 184 户选择"一般缺水"，占总样本量的 50%；83 人选择"严重缺水"，占 22.55%。

在关于"您对开展农业节水工作的态度"的回答结果中，仅有 17 人表示"较反对"或"强烈反对"，绝大部分人表示"较赞成"或"非常赞成"，分别占总样本量的 29.89% 和 52.45%。

在关于"您是否愿意改种更为节水的作物"的回答结果中，299 人选择"是"，即愿意接受节水型的农业结构调整，占总样本量的 81.25%。69 人选择"否"，表示不愿意接受节水型农业结构调整，占总样本量的 18.75%。

在关于"您是否接受过农业结构调整方面的宣传"的回答结果中，选择"是"的有 233 个，占 63.32%；选择"否"的有 135 个，占 36.68%。

在关于"您当前是否已配备节水灌溉设施"的回答结果中，有 266 个农户表示已配备节水灌溉设施，占 72.28%；102 个农户没有配备节水灌溉设施，占 27.72%。

在关于"您对节水政策实施效果的预期"的回答结果中，选择"很有效果"的农户有 182 个，占 49.46%；选择"效果一般"的农户有 140 个，占 38.04%；选择"没有效果"的农户有 46 个，占 12.5%。

表 4.5　被访问农户节水意识情况

问题	问题选项	频数	占比（%）
您所在的地区是否缺水	不缺水	101	27.45
	一般缺水	184	50.00
	严重缺水	83	22.55
您对开展农业节水工作的态度	强烈反对	3	0.82
	较反对	14	3.80
	中立	48	13.04
	较赞成	110	29.89
	非常赞成	193	52.45
您是否愿意改种更为节水的作物	是	299	81.25
	否	69	18.75
您是否接受过农业结构调整方面的宣传	是	233	63.32
	否	135	36.68
您当前是否已配备节水灌溉设施	是	266	72.28
	否	102	27.72

续表

问题	问题选项	频数	占比（%）
您对节水政策实施效果的预期	很有效果	182	49.46
	效果一般	140	38.04
	没有效果	46	12.50

从前面调查结果统计可以看出，大部分农户已经认识到当前水资源短缺问题，并配备了一定的节水灌溉设施，而且对农业节水工作持积极的态度，愿意接受节水型的农业结构调整。需要指出的是，虽然有63.32%的农户表示接受过农业结构调整和节水方面的宣传，但仍与政府当前对农业结构调整和农业节水工作的重视程度不匹配，未来需要进一步加大对农户的宣传力度。另外，仅有接近一半的农户对政府节水政策预期表示乐观，这也是我们值得深思的一个问题。

（2）农户农业结构调整意愿影响因素分析

进一步深入分析调研数据得出，在"愿意改种更为节水的作物"的原因中（见图4.3），21.26%的农户选择"有节水补贴"，26.51%的农户选择"政府引导"，27.3%的农户选择"增加收益"，24.93%的农户选择"少用水"。在"不愿改种更为节水的作物"的原因中（见图4.4），14.49%的农户选择"觉得麻烦"，20.29%的农户选择"不知道怎么种"，28.99%的农户选择"资金限制"，36.23%的农户选择"土地限制"。

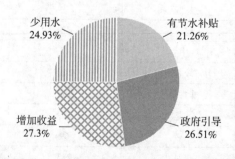

图4.3 "愿意改种更为节水的作物"的原因

由此可见，农户参与节水型农业结构调整的意愿受多方面因素的综合影响。根据问卷调查情况，本书从农户性别、年龄、受教育程度、务农人口、

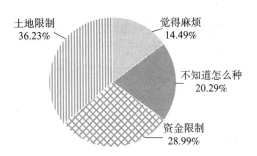

图4.4　"不愿改种更为节水的作物"的原因

家庭月均纯收入、农业节水态度、对节水政策实施效果的预期等方面入手分析其与农户结构调整意愿（包括愿意和不愿意两种情况）的关系。具体如表4.6所示。

表4.6　农户特征变量与农户结构调整意愿的关系

农户性别		愿意	不愿意	合计
男	农户个数	168	38	206
	所占比例（%）	81.55	18.45	100
女	农户个数	131	31	162
	所占比例（%）	80.86	19.14	100
农户年龄		愿意	不愿意	合计
40岁及以下	农户个数	56	14	70
	所占比例（%）	80.00	20.00	100
41~50岁	农户个数	114	32	146
	所占比例（%）	78.08	21.92	100
51~60岁	农户个数	115	20	135
	所占比例（%）	85.19	14.81	100
60岁及以上	农户个数	14	3	17
	所占比例（%）	82.35	17.65	100
受教育程度		愿意	不愿意	合计
小学及以下	农户个数	23	14	37
	所占比例（%）	62.16	37.84	100
初中	农户个数	102	33	135
	所占比例（%）	75.56	24.44	100

续表

受教育程度		愿意	不愿意	合计
高中或中专	农户个数	140	18	158
	所占比例（%）	88.61	11.39	100
大专及以上	农户个数	34	4	38
	所占比例（%）	89.47	10.53	100
家庭月均纯收入		愿意	不愿意	合计
2000 元及以下	农户个数	103	10	113
	所占比例（%）	91.15	8.85	100
2001~4000 元	农户个数	99	18	117
	所占比例（%）	84.62	15.38	100
4001~6000 元	农户个数	61	26	87
	所占比例（%）	70.11	29.89	100
6001~8000 元	农户个数	24	14	38
	所占比例（%）	63.16	36.84	100
8001 元及以上	农户个数	12	1	13
	所占比例（%）	92.31	7.69	100
务农人口		愿意	不愿意	合计
1 人	农户个数	74	13	87
	所占比例（%）	85.06	14.94	100
2 人	农户个数	156	34	190
	所占比例（%）	82.11	17.89	100
3 人	农户个数	44	14	58
	所占比例（%）	75.86	24.14	100
4 人及以上	农户个数	25	8	33
	所占比例（%）	75.76	24.24	100
是否认为缺水		愿意	不愿意	合计
不缺水	农户个数	80	21	101
	所占比例（%）	79.21	20.79	100
一般缺水	农户个数	145	39	184
	所占比例（%）	78.80	21.20	100
严重缺水	农户个数	74	9	83
	所占比例（%）	89.16	10.84	100

对开展农业节水工作的态度		愿意	不愿意	合计
强烈反对	农户个数	2	1	3
	所占比例（%）	66.67	33.33	100
较反对	农户个数	2	12	14
	所占比例（%）	14.29	85.71	100
中立	农户个数	18	30	48
	所占比例（%）	37.50	62.50	100
较赞成	农户个数	94	16	110
	所占比例（%）	85.45	14.55	100
非常赞成	农户个数	183	10	193
	所占比例（%）	94.82	5.18	100
是否接受过相关宣传		愿意	不愿意	合计
是	农户个数	233	0	233
	所占比例（%）	100	0	100
否	农户个数	66	69	135
	所占比例（%）	48.89	51.11	100
对节水政策实施效果的预期		愿意	不愿意	合计
很有效果	农户个数	166	16	182
	所占比例（%）	91.21	8.79	100
效果一般	农户个数	99	41	140
	所占比例（%）	70.71	29.29	100
没有效果	农户个数	34	12	46
	所占比例（%）	73.91	26.09	100

（3）计量结果与分析

上面的描述性统计分析由于没有控制其他因素的影响，因而无法将各个因素的影响单独分离出来，从而也无法真正理解影响农户结果调整的因素。为了更好地定量理解相关影响因素，下面建立计量模型进行分析。

①模型构建。农户是否愿意接受节水型农业结构调整是一个二元决策，将其界定为被解释变量 Y，只可以取两个值，即农户选择愿意接收时 $Y=1$，不愿意时 $Y=0$。当因变量是二元变量时，可以用线性概率模型（Linear Probability Model）、Logit 模型、Probit 模型来处理。其中，线性概率模型最为简单，但通常由于二元变量残差项存在异方差性的问题，并且无法保证估计值一定会落在单位区间内，同时，该模型也假设 Y 发生的概率随着解释变量线性增加，从而不满足一般回归分析的假设，因此不能采用普通线性概率回归模型进行计量分析，而需采用离散被解释变量数据计量模型。离散被解释变量数据计量模型包括 Logit 模型和 Probit 模型，但由于 Probit 模型要求样本必须服从标准正态分布，且要求的假设条件比较严格，相比之下，Logit 模型更适合于效用最大化时的分布选择，以及应用于确定影响农户选择行为的因素研究之中。Logit 模型是根据 Logistic 概率密度函数而来的，Logistic 分布函数可被定义为：

$$P_i = E(Y=1 \mid X_i) = \frac{1}{1+e^{-z_i}} \quad 其中，Z_i = \beta_1 + \beta_2 X_i \qquad (4-1)$$

式（4-1）中 P_i 表示接受农业结构调整的概率，因此，拒绝接受调整的概率为 $(1-P_i)$，可用式（4-2）表示：

$$1 - P_i = \frac{1}{1+e^{z_i}} \qquad (4-2)$$

由式（4-1）/式（4-2）可得：

$$\frac{P_i}{1-P_i} = \frac{1+e^{z_i}}{1+e^{-z_i}} = e^{z_i} \qquad (4-3)$$

$\dfrac{P_i}{1-P_i}$ 可被简单定义为农户接受农业结构调整的相对支持率，即接受的机会比率，它是农户接受的概率与反对概率的比值。如果对式（4-3）取自然对数，可得到标准 Logit 模型：

$$L_i = Ln \frac{P_i}{1-P_i} = Z_i = \beta_1 + \beta_2 X_i \qquad (4-4)$$

将解释变量扩充为多元，便可得到一般的 Logit 回归模型：

$$Ln \frac{P_i}{1-P_i} = \sum \beta_{2i} X_i + \beta_1 \qquad (4-5)$$

回归方程的形式为

$$Logit(P) = Ln \frac{P}{1-P} = \beta_1 + \sum \beta_{2i} X_i + \varepsilon \qquad (4-6)$$

由式（4-4）和式（4-5）可得出

$$\frac{P_i}{1 - P_i} = \exp\left(\sum \beta_{2i} X_i + \beta_1\right) \tag{4-7}$$

整理式（4-7）可得到第 i 个农户接受农业结构调整的概率：

$$P_i = \frac{\exp\left(\sum \beta_{2i} X_i + \beta_1\right)}{1 + \exp\left(\sum \beta_{2i} X_i + \beta_1\right)} \tag{4-8}$$

对于被解释变量 Y_i，农户接受时 $Y_i = 1$，反对时 $Y_i = 0$。解释变量 X_i 是一个矢量，表示影响农户愿意接受农业结构调整的因素，β_{2i} 是一个估计系数矢量，表示解释变量对农户接受农业结构调整的影响，其取值等于相对支持率的变化率，正的系数表示该解释变量与农业结构调整的相对支持率呈正相关关系，负的系数表示两者呈负相关关系。

②变量说明。表4.7给出了与农业结构调整意愿相关的解释变量，包括被访农户自身的基本情况、家庭特征、节水意识等。

表4.7 变量描述

变量类型	变量	变量内涵	定义及赋值	效应假设
经济社会特征	sex	性别	男＝1，女＝2	－
	age	年龄	实地调查数据	－
	edu	受教育程度	小学及以下＝1，初中＝2，高中或中专＝3，大专及以上＝4	＋
	inc	家庭月均纯收入	2000元及以下＝1，2001～4000元＝2，4001～6000元＝3，6001～8000元＝4，8001元及以上＝5	
	lp	家庭务农人口	实地调查数据	＋/－
	fac	是否配备农业节水设施	否＝1，是＝2	＋
水情意识状况	ws	是否认为缺水	不缺水＝1，一般缺水＝2，严重缺水＝3	＋
	att	对开展农业节水工作的态度	强烈反对＝1，较反对＝2，中立＝3，较赞成＝4，非常赞成＝5	＋
	pro	是否接受过相关宣传	否＝1，是＝2	＋
	exp	对节水政策实施效果的预期	没有效果＝1，效果一般＝2，很有效果＝3	＋

③回归结果分析。运用Stata14.0软件分析农户结构调整意愿的影响因

素，结果见表 4.8。模型输出结果显示，LR chi2（9） = 119.14，Prob>chi2 = 0.0000，表示在 0.01 置信水平显著，整体拟合优度较高，说明所选变量对农户接受农业结构调整相对支持率有一定的影响。$Exp（\beta）$表示一定条件下因变量发生的相对概率，即解释变量特征值增加一个单位时农户对节水型结构调整接受率的变化。

表 4.8　计量结果

变量	系数（β）	标准差	z-统计量	P>|z|	机会比率变化 Exp（β）
sex	0.213	0.349	0.61	0.541	1.237
age	0.018	0.022	0.80	0.422	1.018
edu	0.702 ***	0.249	2.81	0.005	2.018
inc	−0.437 ***	0.155	−2.82	0.005	0.646
lp	0.238	0.188	1.26	0.206	1.269
fac	0.492	0.390	1.26	0.207	1.636
ws	0.492 **	0.246	2.00	0.046	1.636
att	1.223 ***	0.200	6.12	0.000	3.397
pro	0.603 *	0.366	1.65	0.099	1.828
exp	0.283	0.268	1.06	0.291	1.327
_cons	−8.713 ***	1.891	−4.38	0.000	
Prob>chi2 = 0.0000		Log likelihood = −117.212			

注：*、**、***分别表示在 10%、5% 和 1% 的水平上显著。

农户基本特征对意愿的影响：从模型的回归结果可以看出，农户的"性别""年龄"和"家庭务农人口"对农业结构调整意愿没有明显的影响；而农户的"受教育程度"则与其呈现明显的正相关，与预期方向一致，说明农户的文化水平越高，其对水资源现状的认识越清晰，参与节水的意愿越强烈，因此也更倾向于接受节水型农业结构调整。从幂指函数的分析得出，"受教育程度"每增加 1 个单位，农户参与结构调整的可能性会增加 2.018 倍；另外，"家庭月均纯收入"在 1% 的统计水平上显著为负，表明收入水平越高的农户越不愿意接受农业结构调整，这可能是由于高收入水平的农户对目前生活状态满足程度较高，不愿做出生产生活方式的改变，加上这类人群规避风险的能力有限，对农业结构调整后的风险和收益预期不明确，所以参与结构调整的积极性不高。胡豹（2004）从政治经济学视角分析了农户结构调整决策行为的成本，指出对于同一地区的农户来说，收入水平越高，农户结构调整的退出壁垒就越高，本书从实证角度也验证了这一结论。

农户意识变量对意愿的影响：由表4.8可知，农户"是否认为缺水"、"对开展农业节水工作的态度"和"是否接受过相关宣传"分别在5%、1%和10%的统计水平上显著为正，与预期方向一致。"是否配备农业节水设施"和"对节水政策实施效果的预期"对农户结构调整参与意愿的影响不显著。具体而言：①农户对当前农业水资源紧缺的状况了解越深刻，保护水资源的意识越强，越愿意参与相应的节水结构调整。②农户对农业节水的态度间接体现了他们对节水型农业结构调整的态度，并且该变量的发生比最大，即农户对农业节水的支持度每增加1个单位，其参与结构调整的可能性会增加3.397倍。③接受过相关宣传的农户有更强烈的参与意愿，表明对农户的宣传和培训工作十分重要，能够帮助农户了解节水型结构调整的意义，从而提高农户的节水意识，便于开展农业结构调整工作。④"是否配备农业节水设施"没有通过显著性检验，这可能是由于当前京郊农业节水设施大多是政府免费安装，对农户自身利益的影响不大，因此对农户参与节水活动的刺激作用较小。在本次调研的266个农户中，已配备的农业节水设施，77.07%是由政府免费安装的，14.67%是自己掏钱安装、政府后补贴的，仅有不到9%的农户表示节水设施是完全由自己投资安装的，并且调研中发现尽管普遍配备了节水设施，但大部分缺少后续的管理维护，不少设施已经老化失修，没有真正起到节水的作用。⑤值得关注的是，农户"对节水政策实施效果的预期"也没有通过显著性检验，在一定程度上体现了农户对相关节水政策不敏感，政府关于节水型农业结构调整的一些措施缺乏落地。产生这种状况的原因可能是在以政府为主导推动农业结构调整的过程中，政府为了实现既定的结构调整目标，虽然给予农户资金、农田建设等方面的支持，但往往在种养规划上采取行政命令的办法，容易导致农户产生观望等待的态度，从而延缓农业结构调整的进程。在实地调研中，课题组通过对基层管理部门的深度访谈，发现一些乡镇为了完成区里下发的结构调整目标，谎报、虚报结构调整数据，实际上十分不利于农业节水工作的开展，还容易引发矛盾。

（4）结论与讨论

一般来说，提高农业整体用水效率的途径有两个：一是提升农业节水技术；二是调整农业内部结构。前者是通过技术手段来降低农业用水各环节中的水资源损失；后者则是在满足当地经济社会发展要求的前提下，以耗水量小的作物代替耗水量大的作物，并进行作物间优化组合，以提高作物水分利用效率。近年来，北京大力发展了诸多形式的农业节水型灌溉工程，水资源开发利用程度不断提高，以单纯改善灌溉设施和节水技术来提高农业用水效率的成本越来越高，而调整农业结构、降低高耗水作物种植比重，已成为北京现阶段实现农业节水的最有效途径。农户作为参与农业结构调整的微观主体，他们的意愿将直接影响节水型结构调整目标的实现。由于农户的农业生产决策往往以其产出或收益最大化为目标，在当前市场经济系统下，受比较利益驱动，农户通常不会考虑农业生产中农业投入品的不适当使用所造成的社会成本，从而容易造成农业生产资料（如水资源）的浪费，导致生态环境破坏（地下水超采等）。本书研究发现，农户结构调整决策行为及其意愿会受到农户自身因素和外部环境条件的共同影响，因此在农业结构调整中，要尊重农户的意愿，因地制宜地正确引导农户进行结构调整，才能提高农户主动参与农业节水的积极性。

当前北京农业结构调整的方向为发展节水农业，主要目的是提高水资源利用效率、缓解水资源短缺问题，而农户对农业结构调整有无积极性是新一轮的调整能否取得成功的关键。为促进北京节水型农业结构调整，激发农户节水热情，综合本书研究结果，提出如下建议：

第一，加强宣传培训，调动农户节水积极性。受文化水平与信息获取能力等方面的影响，大部分农户对节水型农业结构调整意义的认识往往是一个渐进的过程，尤其在结构调整的新阶段，还需要更多的农业节水技术和生产管理技术，而掌握这些技术又需要农民具有一定的科技文化素质。但是，在本次调研中，仅有63.32%的农户接受过与节水相关的宣传培训，说明当前节水型结构调整的宣传和培训工作方面尚存在欠缺。因此，建议及时向农户提供政策服务，充分利用广播、电视、网络、手机等多元化媒介，深入细致地向农户宣传政府支持节水农业发展的各项举措，做好农户思想意识领域的工作，使其真正认识到水资源的紧缺性，从而能够了解节水型农业结构调整的重要性。在此基础上，继续加强农业节水的专业技术培训和科技服务，帮助农户提高采用新品种和新技术的能力。另外，还可以发挥一些种养大户、农业科技园区等的典型示范作用，缓解一般农户的风险顾虑，带动当地农户开展节水型结构调整工作。

第二，重视政府导向作用，同时要尊重农户的意愿和决策行为。在市场经济条件下，作为一个利益主体，农户的行为选择常常与生态、资源环境的可持续发展要求相悖，然而在一个完整的经济系统内，农户的行为选择是对自身利益思考和反映的结果，这是农户自己的权利，应当承认其合理性。因此，推进节水型农业结构调整，一方面要看到农户行为选择中非理性、非科学的局限性；另一方面也应尊重农户的意愿和选择，不能以行政命令等方式来强制改变。北京是严重缺水的特大型都市，通过调结构转方式实现农业高效节水势必要借助行政力量整体推进，但是政府在制定节水型农业结构调整的相关政策时，应综合考虑不同地区的经济状况和具体条件，在充分掌握农户需求、意愿和困难的基础上，采取相应的措施，对农户行为选择加以引导与矫正，促使节水型农业结构调整目标的顺利实现。

第三，加大支持力度，完善经济补偿政策。从北京已有的实践来看，节水型结构调整的实施的确会在一定程度上影响农民的收益，特别是高耗水地区、以退出产业为主导的地区和退耕还林（草）地区。而且在结构调整的初期，农户往往需要投入较高的成本，还要面临自然风险、市场风险、技术风险等一系列问题，而农业本身作为社会效益高、经济效益低的弱势产业，农业及农业节水的经济效益通常要低于其社会、生态与环境效益，不利于农户做出结构调整的决策。因此，政府应加大财政支持力度，完善农业生产社会化服务，并配合相应的生态补偿政策和节水激励政策，保障农民的利益不受损，使农业结构调整能够得以顺利实施。

4.4.3 农户农业节水生态补偿接受意愿研究

为确保农业节水和农业结构调整工作的可持续性，政府的政策设计必须考虑参与农户激励相容问题。生态补偿能有效运用政府和市场手段进行经济激励，相对于传统行政命令而言，更利于调动农户的节水积极性。

(1) 选择模型的基本原理

随着人们环境意识的逐渐提高和环境资产稀缺性的凸显，在资源利用决策中，决策者也逐渐考虑环境因素的作用。但是由于缺乏市场，环境物品利用决策中大多缺乏有关环境价值方面的信息。近年来国际上关于对非市场环境物品价值的估算的理论和实践研究日益增多，经济学家已经发展了一些超越传统市场基础的方法来估计环境物品所带来的福利和所引致的成本。这些技术可分两类：显示性偏好（Revealed Preference，RP）技术和陈述性偏好（Stated Preference，SP）技术。显示性偏好技术需要利用相关市场的一些信息来进行价值估算，主要有旅行成本法（娱乐地区的使用价值）和享乐价值法（用于污染成本的估计等）。陈述性偏好技术主要利用人们对一些假想情景所反映出的支付意愿（WTP）来进行环境物品价值估计。

从当前的研究来看，陈述性偏好技术主要有两类：条件价值评估法（CVM）和选择实验法（CM）。条件价值评估法是通过问卷的形式，向被调查者询问为实现某种假想的环境目标所愿意支付的金钱数量，从而推导环境物品的价值。选择实验法同样是通过问卷的形式，首先，向被调查者提供一系列假想的选择集，每个选择集包含由若干环境公共物品不同属性状态组合而成的方案；其次，让被调查者从每个选择集中选出自己最偏好的一种方案；最后，研究者根据选择结果及其相应的属性状态水平，运用计量经济学模型，估计出被调查者对环境公共物品不同属性价值或相对价值的支付意愿，以此确定被调查者对不同环境公共物品的价值评价。与条件价值评估法相比，选择实验法在评价环境公共物品、估计环境物品属性状态的变化范围等方面都具有优势。

选择实验法主要依据两个基本原理：①Lancaster（1960）的要素价值理论。该理论认为每一种物品均可被一组属性及不同属性水平来描述，选择实验法正是基于此种理论观点来确定研究对象的属性水平组合，进而形成不同的选择集。②Luce（1959）和 McFadden（1973）提出的随机效用理论。根据随机效用理论，被调查者对"选择集中最佳组合方案"的选择就是其追求效用最大化的结果，从而将选择问题转化为效用比较问题。具体模型如下：

假设被调查者 n 的随机效用函数为 $U(X, Z)$，则：

$$U_{ni}(X_{ni}, Z_n) = V_{ni}(X_{ni}, Z_n) + \varepsilon_{ni} \tag{4-9}$$

式（4-9）中，U_{ni} 为被调查者 n 从一个选择集中选择方案 i 的效用函数；V_{ni} 为被调查者 n 从一个选择集中选择方案 i 的间接效用函数；X_{ni} 为被调查者 n 所选方案 i 的属性特征；Z_n 为被调查者 n 的社会经济特征；ε_{ni} 为被调查者 n 选择方案 i 的随机干扰项。

根据效用最大化原理，被调查者对各种方案的选择主要根据每种方案为其带来效用的大小，只选择给其带来最大效用的方案。因此，被调查者 n 从一个选择集 C 中选择方案 i 的概率为：

$$\text{Prob}(i/C) = \text{Prob}(U_{ni} > U_{nj}) = \text{Prob}[(V_{ni} + \varepsilon_{ni}) > (V_{nj} + \varepsilon_{nj})] ; \ i \neq j, \ i, \ j \in C \tag{4-10}$$

假设 ε 服从独立同类型分布（Independently and Identically Distribution，IID）且服从极值分布（Extreme-Value Distribution），则被调查者 n 选择方案 i 的概率可用多项式 Logit 模型（Multinational Logit Model，MNL）表示为：

$$\text{Prob}(ni) = \frac{\exp(\mu V_{ni})}{\sum\limits_{j \in C} \exp(\mu V_{nj})} \tag{4-11}$$

式（4-11）中，μ 为标量函数，通常可取 1。

在 MNL 模型估计的基础上，资源或环境物品各个属性的价值（WTP）可表示为：

$$\text{WTP} = -(\beta_{attribute})/\beta_M \tag{4-12}$$

式（4-12）中，$\beta_{attribute}$ 为资源或环境物品各属性项的估计系数；β_M 为收入的边际效用，通常用支付项或成本项的估计系数表示。

被调查者 n 选择方案 i 的间接效用函数常常采取简单的线性形式：

$$V_{ni} = ASC + \sum \beta_k X_k \tag{4-13}$$

式（4-13）中，ASC 为替代特定常数，用来解释无法观察的属性对选择结果的影响；β 为系数；X_k 为方案 i 的第 k 个属性特征，则：

$$CS = -\frac{1}{\beta_M} \left[\ln\left(\sum_i \exp(V_i^0) \right) - \ln\left(\sum_i \exp(V_i^1) \right) \right] \tag{4-14}$$

式（4-14）中，CS 为补偿剩余（Compensating Surplus），表示方案（或

情境）变化所带来的福利；V_i^0 和 V_i^1 为方案（或情境）改变前和改变后的间接效用。

（2）调查问卷设计

①确定政策选择集。利用选择实验法可研究农户对不同环境政策的接受意愿。第一，需要确定农户在利用选择实验法研究中需要面对的假定的环境政策选择集；第二，基于环境政策选择集设计调研问卷；第三，对农户进行面对面访谈形式的实地调研；第四，根据调研问卷所获得的农户对不同环境政策选择的实地调研数据，利用计量模型计算出农户对不同环境政策的接受意愿。本书中选择实验法政策选择集主要是借鉴《国家农业节水纲要（2012—2020 年）》、国务院办公厅《关于推进农业水价综合改革的意见》、北京市《关于调结构转方式发展高效节水农业的意见》（京发〔2014〕16 号）等相关政策文件，并结合当前北京农业水价综合改革试点及京郊实际情况来确定的，包括技术支持政策、财政补贴政策、用水定额管理、农业水价政策和节水目标。

②确定政策状态水平。选择实验法的政策选择集确定以后，还需要进一步确定政策选择集的环境政策的状态水平，即环境政策内容变化的范围。本书中的环境政策状态水平是通过样本区的预调研和对专家访谈后确定的。

在技术支持政策中，本书将其 3 个状态水平分别确定为："状态水平1"，是指在农业生产中，农户缺乏必要技术支持，完全依靠自己积累的经验或参考别人的经验来进行节水；"状态水平 2"，是指在农业生产中，农户曾经接受过包含农业节水的农业生产技术培训；"状态水平 3"，是指在农业生产中，农业技术人员根据作物生长情况，对农户用水情况免费进行全面指导。

在财政补贴政策中，根据补贴差异，将其分为节水设施补贴和节水管护补贴。其中，节水设施补贴参考水利局对北京农业高效节水试点的调查情况，每亩田间滴灌工程的材料费为 1200 元左右，市财政补贴 50% 即 600 元，其余由区县和用水户负责。因此，将节水设施补贴的状态水平分别确定为："状态水平 1"为不补贴；"状态水平 2"为每亩补贴 600 元；"状态水平 3"为每亩补贴 1200 元。

在节水管护补贴中，参照北京农业高效节水试点的区县配套政策，顺义区、房山区、通州区漷县镇的运维资金为田间管护每亩每年100元、机井管护每眼每年100元。

另外，根据《北京统计年鉴》（2015），2014年北京耕地总面积为22万hm²，2014年农业用水量为8.2亿m³。目前，北京农业灌溉水有效利用系数为0.7。根据国家标准《节水灌溉工程技术规范》（GB/T 50363—2006），喷灌区、微喷灌区的灌溉水利用率不应低于0.85，滴灌区不应低于0.9。如果北京普遍使用微喷灌，农业水利用系数提高到0.85，则农业用水量每年可节约1.23亿m³，即每公顷耕地可节水559.09m³左右。根据各领域用水量及所占比例，可估算节约的水资源用于农业灌溉、工业用水、生活用水、生态补偿的比例分别如表4.9所示。

表4.9 节约的水资源分配情况

分类	用水领域				
	农业	工业	生活	环境	合计
用水量（亿m³）	8.2	5.1	17	7.2	37.5
占总用水量的比例（%）	21.87	13.6	45.33	19.2	100
节约的水资源可补偿的量（亿m³）	0.27	0.17	0.56	0.24	1.23

当前北京农业水资源费为1.26元/m³，行政事业用水为5.8元/m³，工商业用水为6.21元/m³，生活用水为4元/m³，估算出节约的水资源的机会成本为4.9777亿元，平均每公顷耕地为2262.6元，每亩150元。

根据上述分析，结合实地调研情况，将节水管护补贴的状态水平确定为："状态水平1"为不补贴；"状态水平2"为每年每亩补贴100元；"状态水平3"为每年每亩补贴200元。

用水管理的两个状态水平分别为："状态水平1"为不限制用水量；"状态水平2"为限制用水量。

在农业水价中，参考水利局对房山区、顺义区（节水示范区）和漷县镇（节水示范镇）综合水价的调查情况（见表4.10），设置4个状态水平："状态水平1"为不收水费；"状态水平2"为水价0.5元/m³；"状态水平3"为水价1元/m³；"状态水平4"为水价1.5元/m³。

表 4.10　农业综合水价测算表

单位：元

	区县（镇）	维护材料费	电费	折旧费	人工费	水价
大田高峰	房山区	0.39	0.32	0.4	0.3	1.41
	顺义区	0.63	0.47	0.4	0.38	1.88
	通州区漷县镇	0.08	0.26	0.4	0.27	1.01
	均值	0.37	0.35	0.4	0.32	1.43
大田平峰	区县（镇）	维护材料费	电费	折旧费	人工费	水价
	房山区	0.39	0.22	0.4	0.3	1.31
	顺义区	0.63	0.32	0.4	0.38	1.73
	通州区漷县镇	0.08	0.12	0.4	0.27	0.87
	均值	0.37	0.4	0.4	0.32	1.3
设施高峰	区县（镇）	维护材料费	电费	折旧费	人工费	水价
	房山区	0.16	0.32	0.22	0.12	0.81
	顺义区	0.44	0.47	0.28	0.38	1.57
	通州区漷县镇	0.11	0.26	0.22	0.52	1.11
	均值	0.24	0.35	0.24	0.34	1.16
设施平峰	区县（镇）	维护材料费	电费	折旧费	人工费	水价
	房山区	0.16	0.32	0.22	0.12	0.72
	顺义区	0.44	0.28	0.28	0.38	1.38
	通州区漷县镇	0.11	0.12	0.22	0.52	0.97
	均值	0.24	0.21	0.24	0.34	1.02
果树高峰	区县（镇）	维护材料费	电费	折旧费	人工费	水价
	房山区	0.78	0.32	0.8	0.6	2.5
果树平峰	房山区	0.78	0.22	0.8	0.6	2.41
	均值	0.78	0.27	0.8	0.6	2.46

注：大田高峰指大田粮食农业生产用电价格为高峰电价时对应的电费成本，大田平峰指大田粮食农业生产用电价格为平峰电价时对应的电费成本。设施高峰、设施平峰、果树高峰、果树平峰意义同上。

在节水目标中，根据《关于调结构转方式发展高效节水农业的意见》要求，截至 2020 年，实现农业用新水从 2013 年的 7 亿 m^3 左右下降到 5 亿 m^3 左右，即要求下降 30% 左右。另外，农业灌溉水有效利用系数从 0.7 提高至 0.85，达到国际先进水平，即要提高 15 个百分点。因此，将节水标准设置 3 个状态水平："状态水平 1"为用水量不变；"状态水平 2"为减少 15% 的用水量；"状态水平 3"为减少 30% 的用水量。

（3）确定备选方案的数量

在确定选择实验法的政策选择集和相应的政策状态水平以后，需要确定选择实验法的备选方案。

确定备选方案的数量一般有两种方法：一种是全要素设计（Full Factorial Design）方法，另一种是部分要素设计（Fractional Factorial Design）方法。前者要求备选方案中包括所有可能的政策及其状态水平，例如，本书备选方案包括6个政策且每个政策有不同的状态水平，则全部备选方案总共有3×3×3×2×4×3＝648（个）。这种方法无疑增加了被调查者在选择时进行分析和判断的难度，影响了最终结果的准确性。因此，通常的做法是采用部分要素设计方法，即根据统计试验中正交设计（Orthogonal Design）的原理从全部备选方案中选择出一部分备选方案。

本书中共有5项政策和1项节水目标，每项政策具有不同的状态水平，根据部分要素设计方法，基于正交设计可以得到25种独立无关的、由不同政策状态水平组合而成的方案，在剔除重复发生的和现实不可能存在的组合后，选出了15种独立无关的、由不同政策状态水平组合而成的备选方案。将这些备选方案和现状方案进行组合，一共能产生5个选择集，每个选择集包括4个方案，即3个备选方案和1个现状方案，选择集的具体方案内容见表4.11。

表 4.11　选择实验法问卷中全部选择集

选择集	每个选择集的方案	属性					
		培训和技术指导	节水设施补贴	节水管护补贴	用水管理	农业水价	农业用水量变化
选择集1	维持现状	完全凭经验	每亩补贴0元	每年每亩补贴0元	不限制用水量	0元/m³	不变
	方案1	完全凭经验	每亩补贴1200元	每年每亩补贴100元	不限制用水量	0元/m³	减少15%
	方案2	一般的技术培训	每亩补贴600元	每年每亩补贴0元	不限制用水量	0.5元/m³	减少15%
	方案3	全程指导	每亩补贴1200元	每年每亩补贴100元	不限制用水量	1.5元/m³	减少30%

续表

选择集	每个选择集的方案	属性					
		培训和技术指导	节水设施补贴	节水管护补贴	用水管理	农业水价	农业用水量变化
选择集2	维持现状	完全凭经验	每亩补贴0元	每年每亩补贴0元	不限制用水量	0元/m³	不变
	方案1	完全凭经验	每亩补贴600元	每年每亩补贴0元	限制用水量	1.5元/m³	减少15%
	方案2	一般的技术培训	每亩补贴0元	每年每亩补贴100元	不限制用水量	1元/m³	减少15%
	方案3	一般的技术培训	每亩补贴600元	每年每亩补贴100元	限制用水量	0元/m³	减少30%
选择集3	维持现状	完全凭经验	每亩补贴0元	每年每亩补贴0元	不限制用水量	0元/m³	不变
	方案1	全程指导	每亩补贴0元	每年每亩补贴200元	限制用水量	0元/m³	减少15%
	方案2	完全凭经验	每亩补贴0元	每年每亩补贴100元	限制用水量	0.5元/m³	减少15%
	方案3	一般的技术培训	每亩补贴0元	每年每亩补贴0元	不限制用水量	1.5元/m³	减少30%
选择集4	维持现状	完全凭经验	每亩补贴0元	每年每亩补贴0元	不限制用水量	0元/m³	不变
	方案1	全程指导	每亩补贴600元	每年每亩补贴0元	不限制用水量	1元/m³	减少15%
	方案2	一般的技术培训	每亩补贴0元	每年每亩补贴100元	限制用水量	1.5元/m³	减少15%
	方案3	完全凭经验	每亩补贴600元	每年每亩补贴0元	限制用水量	1元/m³	减少30%
选择集5	维持现状	完全凭经验	每亩补贴0元	每年每亩补贴0元	不限制用水量	0元/m³	不变
	方案1	完全凭经验	每亩补贴1200元	每年每亩补贴0元	不限制用水量	0元/m³	减少15%
	方案2	一般的技术培训	每亩补贴600元	每年每亩补贴200元	不限制用水量	0元/m³	减少15%
	方案3	完全凭经验	每亩补贴0元	每年每亩补贴200元	限制用水量	0.5元/m³	减少30%

（4）实地调研

运用选择实验法调查农户农业节水政策的接受意愿，其核心是先需要向被调查者提供一系列的备选选择集，然后让被调查者从每个选择集中选出自己最偏好的一种方案。在向被调查者提供备选选择集时，调查人员需要让被调查者了解研究问题的准确定义和涉及的范围。调查人员对于现在状况和替代情况的描述应当要准确、清楚，尽量避免使被调查者对其造成任何误解，同时需要提醒被调查者在对选择集进行选择时应考虑其自身的收入约束。

除此之外，为了使被调查者真实地回答问题（削弱调研中的策略偏差影响），需要强调对调查结果具有影响的政策工具将是强制性的（如果被调查者认为在推荐的备选方案中，他们实际上不需要任何付出，则会发生策略偏差），因此调查人员必须事先清楚地向被调查者说明其决策对于其生产行为具有潜在的影响，并强调被调查者的决策信息将有助于未来政府关于环境政策的决策，因为如果被调查对象将整个调查过程都完全当作假想的，那么可能会导致调查的数据不具有经济意义。

（5）实证研究

本书选择技术支持、设施补贴、管护补贴、用水管理和农业水价 5 项环境政策作为政策变量，分析农户对于不同政策状态水平组合在降低用水量上的意愿反应。各政策变量及其状态水平设计见表 4.12。

表 4.12　选择模型中各属性及其状态水平

属性	状态水平	状态含义	变量赋值
技术支持	1	完全凭经验	是 = 1；否 = 0
	2	一般的技术培训	是 = 1；否 = 0
	3	全程指导	是 = 1；否 = 0
设施补贴	1	不补贴	0
	2	每亩补贴 600 元	600
	3	每亩补贴 1200 元	1200

属性	状态水平	状态含义	变量赋值
管护补贴	1	不补贴	0
	2	每年每亩补贴 100 元	100
	3	每年每亩补贴 200 元	200
用水管理	1	不限制用水量	0
	2	限制用水量	1
农业水价	1	不收费	0
	2	0.5 元/m³	0.5
	3	1 元/m³	1
	4	1.5 元/m³	1.5
农户用水量变化	1	没有变化	0
	2	减少 15%	−0.15
	3	减少 30%	−0.3

如表 4.12 所示，最后一部分是前 5 个属性方案减少用水量的目标结果。由于本书的目的是减少农业用水量，所以本书以农户用水量变化的比例作为各方案目标结果的评估指标。

应用统计软件 14.0，采用多元 Logit 模型（Multinomial Logit Model）对调查结果进行了计量分析（见表 4.13）。多元 Logit 模型的因变量是被调查农户在每个选择集中所做的选择，自变量为每个选择集中各选择方案的属性（技术支持、设施补贴、管护补贴、用水管理、农业水价和用水量的变化）及其状态水平。

表 4.13　多元 Logit 模型的估计结果

属性	系数	标准差	显著性
常数	5.416453	0.258	0.000
技术支持：完全凭经验（基准）			
技术支持：一般的技术培训	−0.5176*	0.2817	0.066
技术支持：全程指导	−2.8524***	0.2963	0.000
设施补贴	−0.0006**	0.0003	0.050
管护补贴	0.0123***	0.0017	0.000
用水管理	0.9943***	0.3396	0.004

续表

属性	系数	标准差	显著性
农业水价	-1.2145***	0.2673	0.000
用水量的变化	-9.1442***	2.0253	0.000
Log likelihood = -3778.508	Prob>chi2 = 0.0000		

注：*、**、***分别表示在10%、5%和1%的水平上显著。

利用式（4-12）可得出农户在各政策属性下愿意减少农业用水量的比例，结果如表4.14所示。

表4.14　农户在各政策属性下用水量的相对减少比例　　单位:%

属性	农户愿意减少农业用水的比例	属性	农户愿意减少农业用水的比例
技术支持：完全凭经验（基准）	—	设施补贴	0.0066
		管护补贴	-0.1341
技术支持：一般培训	5.6604	用水管理	-10.8731
技术支持：全面指导	31.1941	农业水价	13.2819

根据式（4-13）对不同方案选择中农户的间接效应进行核算，结果如表4.15所示。

表4.15　不同选择方案相对于基准现状的效用

选择方案	属性								间接效用
	凭经验	一般技术培训	全程指导	设施补贴	管护补贴	用水管理	水价	用水量	
现状	1	0	0	0	0	0	0	0	5.416
方案1	1	0	0	1200	100	0	0	-0.15	4.910
方案2	0	1	0	600	0	0	0.5	-0.15	6.901
方案3	0	0	1	1200	100	0	1.5	-0.3	9.584
方案4	1	0	0	600	0	1	1.5	-0.15	6.604
方案5	0	1	0	0	100	0	1	-0.15	5.922
方案6	0	1	0	600	100	1	0	-0.3	4.073
方案7	0	0	1	0	200	1	0	-0.15	4.821
方案8	1	0	0	0	100	1	0.5	-0.15	3.803
方案9	0	1	0	0	0	0	1.5	-0.3	7.756
方案10	0	0	1	600	0	0	1	-0.15	9.843

选择方案	属性								间接效用
	凭经验	一般技术培训	全程指导	设施补贴	管护补贴	用水管理	水价	用水量	
方案 11	0	1	0	0	100	1	1.5	−0.15	5.535
方案 12	1	0	0	600	0	1	1	−0.3	5.997
方案 13	1	0	0	1200	0	0	0	−0.15	6.136
方案 14	0	1	0	600	200	0	0	−0.15	3.841
方案 15	1	0	0	0	200	1	0.5	−0.3	2.576

从表4.15中可以看出，方案10和方案3的效用较高，即在用水量减少15%的要求下，最佳方案为方案10，每亩设施补贴600元，农业水价为1元/m³；在用水量减少30%的要求下，最佳方案为方案3，每亩设施补贴1200元，管护补贴每年每亩100元，农业水价为1.5元/m³。两个方案对技术支持政策的选择都为全程指导。

（6）结果分析

①在实施技术支持政策条件下，农户减少用水量的意愿最为强烈。农户如果得到一般的农业节水技术培训，愿意减少用水量的比例为5.66%；农户如果得到全面指导，愿意减少农业用水量的比例为31.19%。样本农户之所以更愿意接受技术支持，一方面可能是虽然当前京郊大部分都配备了节水设施，但农民大多对节水常用设备的性能及使用程序缺乏充分的了解，使用过程中常常出现许多问题，尤其是对当前先进的痕灌、水肥一体化等技术操作不熟练，节水设备发挥不了应有的作用；另一方面可能是通过技术支持政策的实施，可以有效增加农户的收益，如在调研中发现，对于桃树等林果类作物，提高农业用水效率，合理用水反而能够提高果品品质，提升经济效益，农户极其需要用水技术培训指导等方面的技术支持政策。

②农户对财政支持政策的接受意愿明显低于技术支持政策的接受意愿。节水设施补贴政策导致农户减少用水量0.0066%，管护补贴政策反而导致用水量增加0.1341%，总体上农业用水量的变化很小，可以说财政支持政策并没有起到减少农户用水量的作用。这可能是由于当前京郊农业节水设施大多

是政府免费安装，对农户自身的影响不大，农户对此项政策缺乏敏感度。在调研的 266 个农户中，已安装的节水设施，77.07% 是由政府免费安装的，14.67% 是自己掏钱、政府补贴安装的，很少是完全由自己投资安装的。

另外，政府安装完之后，很少有后续的管理维护。在顺义高效节水试点区的访谈也发现，尽管市级和区县相关部门认识程度比较高，节水工作开展比较主动，但乡镇、村委会和农业用水户对节水工作的认识有待提高，他们认为国家一方面每亩发放 200 多元的补助，另一方面又收水费，不如停发补助。综合看，基层对这项政策的接受还需要一个过程。

③根据计量结果，对农户实施定额管理，农户会增加用水量 10.87%，这可能是因为在很长一段低价范围内，农户的用水需求弹性很小，并且由于生产条件不同，设施农业、大田、果树等不同种类作物需水量存在较大差异，难以最终确定每个农户在生产中的准确用水量，从而降低限额管理政策的实施效果。在调研中也发现，尽管当前相关部门已经对农业用水量做出了一定的要求，但落到实处还存在诸多困难，用水计量设施安装也不到位，与农民长期随意用水的习惯相冲突，农户心理多少存在一些抵触情绪。

④在农业水价方面，农户减少用水量的意愿仅次于技术支持政策，愿意减少用水量的比例为 13.28%，由此可见作为与农户收益最为密切相关的政策，农户对其反应十分积极。因此，要充分合理利用好价格杠杆，建立科学合理的水资源有偿分配机制，引导农户向节水型农业结构调整，提高农户的节水积极性。从节水的间接效用也可看出，农业水价在 1 元/m³ 和 1.5 元/m³ 时的政策方案效用较高。当前的房山农业水价改革试点，节水效果已初见成效，亩均用水量已从 270m³ 下降到 154m³。

综上所述，农户对不同农业节水政策的接受意愿存在差异：农户对技术支持政策的接受意愿最大，而且技术支持政策提供的技术越全面，农户的接受意愿越高；其次是农业水价政策；财政补贴政策对农户节水意愿影响不大；农户对于定额用水管理的接受意愿最低。在农户间接效用最高的两个节水政策组合方案中，农户都选择全程指导的技术支持政策，不限制用水量，在用水量减少 15% 的要求下，每亩设施补贴 600 元，农业水价为 1 元/m³；在用水量减少 30% 的要求下，每亩设施补贴 1200 元，管护补贴每年每亩 100 元。

4.5　北京农业节水生态补偿机制基本框架

由上述研究可以看出，农业节水的实现需要资金的投入、技术的投入以及长效运行机制的保证，而农业节水生态补偿正是解决这些问题的关键和核心。补偿不是简单的经济补贴，而是从制度上、运行机制上着手，通过投入体制、管理体制的创新，引入市场化管理理念，应用政策工具、市场手段等方式来消除农户农业节水过程中的准入门槛，实现生态保护外部性的内部化，并形成长效激励机制，以确保农业节水机制长效运行下去。

4.5.1　建立北京农业节水生态补偿机制应遵循的基本原则

针对北京农业节水的特征，建立农业节水生态补偿机制应遵循的基本原则如下：

（1）"谁用水谁付费"的原则

这是用水主体应遵循的一个重要原则。通过收取水费，把水资源的外部性成本内部化，使得农户认识到使用水资源需要付出成本，即任何对环境资源的消耗都需要支付相应的费用。面对北京水资源紧缺的现实，可采用阶梯式水价的方式，通过价格的变动提醒农户水资源使用的成本变动，以此约束农户生产的用水行为。

（2）"谁节水谁受益"的原则

这是农业节水补偿最重要的一条原则。农业节水能对改善环境产生巨大的作用，是一项具有很强外部经济效应的活动，如果对节水不给予必要的补偿，就会导致普遍的"搭便车"行为。对节水的农户提供相应的补偿，使节水不再停留于政府的强制性行为和社会的公益性行为，将节水投入转变为经济效益，达到节水就是增收的效果，从而激励农户更好地节约用水。

（3）"谁受益谁补偿"的原则

在生态环境的建设和保护过程中，收益大于付出的一方应做出补偿，而付出大于收益的一方应得到补偿，这样才能维持在生态保护和利用过程中的付出与收益的平衡。北京作为特大型缺水城市，通过农业节水提高农业水资源利用效率，使得部分水资源从农业领域向其他领域转移，不仅能够缓解工农之间、城乡之间的用水矛盾，而且有利于改善北京的生态环境，作为主要受益方的政府和其他非农部门，理应提供补偿。

4.5.2 北京农业节水生态补偿的主体和对象

（1）补偿主体

建立北京农业节水生态补偿机制的主体应包括市级政府、区县政府和社会。市级政府补偿是指为了平衡外部性经济制造者和受益者的利益关系对外部性经济制造者的损失所给予的一种补偿，主要有财政拨款和补贴、政策优惠、技术输入、劳动力职业培训等方式。区县政府补偿是采取各种灵活的财政政策，对直接从事生态建设的个人和组织机构进行补贴，激励生态环境保护和建设。社会补偿是指水资源的开发利用者对资源生态恢复和保护者的补偿，如水利开发等开发利用受益者应给予当地生态利益牺牲者以物质补偿。

从当前北京农业节水工作的实际开展情况来看，农业节水生态补偿应以市级政府和区县政府为主，社会补偿作为补充是比较切合实际的。

（2）补偿对象

农户作为农业生产经营的主体，其对节水型农业结构调整的意愿和开展农业节水工作的积极性至关重要。提高农业用水效率离不开农民的参与，一切技术和措施最终必须通过农户来实现，因此农户在所有的水资源保护政策执行中起着关键作用。尤其是农户在参与农业结构调整的过程中，面临着对新的作物投入产出以及其他不可预测的风险。农业节水技术带来的生态及社会效益也远远大于通过增产增效、省时省工、省电等途径给农户带来的经济效益。因此，应当对在农业结构调整中将高耗水作物改为低耗水作物的损失者给予补偿，对在农业生产中节水的农户给予补偿，保障农户的收益。

4.5.3 北京农业节水生态补偿的主要途径

农业节水具有很强的正外部性和公益性，水资源的公共物品性质决定其价值的实现离不开政府的干预，尤其是在当前农业结构调整的大背景下，北京农业节水生态补偿的补偿途径应以政府公共财政途径为主、市场途径和社会途径为辅。

但是在市场经济条件下，政府也应积极探索市场化生态补偿模式，着重培育资源市场，开放生产要素市场，使资源资本化、生态资本化，使资源要素的价格真正反映其稀缺程度。建议北京逐步探索农业水权制度，在水权明晰的前提下农户能够通过市场机制自由出售节约下来的水资源并从中获益，从而激发农户投资农业节水技术、发展农业节水事业的积极性与主动性。

4.5.4 北京农业节水生态补偿采取的主要方式

根据前文研究，当前北京农业节水生态补偿采取的主要方式如下：

（1）技术（智力）补偿

技术补偿是当前京郊农户亟须的补偿方式。一方面，农户在产业结构调整中缺乏指导，对选择和种植节水型作物存在疑虑；另一方面，农户在实际生产中对先进节水设施的认识程度不够，因此政府应积极开展节水技术和农业结构调整方面的培训宣传，为农户无偿提供节水技术咨询和农业结构调整指导，使农户掌握必要的节水技术以及节水信息，从而提升其节水能力。政府补偿重心应逐渐由"单一输血型"补偿向"多元造血型"补偿转移，这样对农业节水工作的长期开展有积极的作用。

（2）实物和资金补偿

节水设施前期建设需要大量的资金，政府仍需要加大财政补贴力度，继续推广节水基础设施建设，同时安装农业机井智能计量设施，夯实农户节水的物质资本。此外，要建立节水设施运行管护机制，加强管水员队伍能力建设，调动起管护人员的积极性，确保田间节水设施持续运行。政府在投资节水基础设施建设的同时，建议采用以农户投入为主、财政补贴支持的方式，提高农户的参与度。

（3）激励补偿

农业水价作为一种有效的经济手段能够刺激农户的节水行为，但是只有在农户收入得到保障的前提下，才会有可持续的节水积极性，农业节水成果才能得到巩固。因此，要采取水价政策与定额补贴政策双管齐下的手段，本着既能促使农民节约用水又不能因为水资源使用成本过高而影响农民生产活动积极性的原则，加大对农业用水定额管理的监督力度，对有突出节水行为的农户进行嘉奖和宣传报道，以奖代补，达到既节约用水又兼顾农户收益的双赢结果，同时还可提高全社会的节水意识。

4.5.5　北京农业节水生态补偿的标准

本书通过选择实验法，根据农户节水政策选择的间接效用排序，得出在用水量减少15%的要求下，每亩设施补贴600元，农业水价为1元/m³；在用水量减少30%的要求下，每亩设施补贴1200元，管护补贴每年每亩100元，农业水价为1.5元/m³。

4.6　北京农业节水生态补偿机制的保障措施

4.6.1　建立农业节水生态补偿的协调管理体制

农业节水生态补偿作为一项非常复杂的系统工程，涉及水利、农业、环境等多个部门，同时还需要各利益相关方如政府、社会和民众的积极参与，需要市级政府与区县政府、政府与民众、生态保护者与受益者等诸多主体进行多方协调和利益博弈。现行体制下对农业节水多部门管理、条块分割的管理体制，导致农业节水工作难以做到统一实施、统一部署、统一监督，既容易造成大量经费支出，又不利于节水生态项目的实施。因此，建立农业节水生态补偿机制，必须加强各管理部门间的协调配合，建立有效的利益协调、社会参与监督机制，构建信息共享与协作平台，最大限度地减少生态补偿纠纷。

4.6.2　完善与农业节水生态补偿相应的法规与制度建设

生态补偿机制的建立和运行离不开法律强制力的保障，不管是采取公共财政支付方式，还是市场化运作模式，依靠单一的政策是不能真正实现生态补偿的目标的，必须要有完备的法律和配套政策的保障。目前，我国农业节水生态补偿尚未建立一套相对完整的法律法规和政策体系，已有的补偿措施零散地分布在《水法》《水土保持法》《环境保护法》等法律法规中，存在补偿标准不明确、使用管理不规范、实施效果不理想、彼此之间协调性不足的问题。因此，对于北京建立农业节水生态补偿机制而言，政府应着手对相关法规、条例等进行整合，针对全市农业用水的整体情况制定出台农业节水生态补偿的试行法规，完善农业节水补偿机制的法律运行环境，对保护农业水资源的具体措施、开发强度、补偿标准、补偿措施等进行统一的明确规定，使农业节水生态补偿有法可依，为补偿机制的实施提供有力保障。

4.6.3　构建农业节水主体广泛参与的运行机制

生态补偿方案必须要有相关利益群体的广泛参与，如果没有相关利益群体的真正参与，制定出的补偿方案则很有可能无法实施，或者不能达到实施的目的。而且，确保相关利益群体的广泛参与还可以增强补偿方案实施的能动性，减少实施阻力，提高补偿方案的实效。农户作为农业节水生态补偿的主要补偿对象，也是最核心的利益相关方。目前，大部分的农业节水建设工程都是通过"自上而下"的方式执行，农户缺少自主选择权，主体地位没有得到应有重视，不利于调动农户的节水积极性。因此，在制定、设计和执行农业节水生态补偿政策时，应赋予农户更大的话语权，将其纳入决策主体，给予其充分的自主选择权，允许并鼓励他们发表意见，提出改进措施，从而引导农户广泛参与，不断推进农业节水工作的顺利实施。

4.6.4　加强农业节水生态补偿科学研究和试点工作

合理制定农业节水生态补偿机制需要强大的科研能力支撑，目前我国对农业节水的效益评估、补偿标准的界定等问题还有待进一步研究，农业节水生态补偿的科研基础比较薄弱。水利、农业等相关部门应该协同配合，依托北京科研优势，加强对农业节水生态补偿体系的关键技术，如农业节水对生态系统的影响机制、农业节水对生态系统服务功能影响的价值评估、生态友好型成功建设与运行技术等方面开展深入研究，为完善农业节水生态补偿机制提供科学依据。同时，还应积极开展农业节水生态补偿试点工作，在已有的工作基础上，选择典型试点案例深入剖析，研究农业节水工作中的生态、经济、环境等各种利益关系，抓住生态补偿的依据、标准、补偿方案制定等关键问题，在加强理论研究和不断总结经验的基础上，以点带面，积极推动农业节水生态补偿机制的建立和主要政策措施的完善。

4.7 本章小结

4.7.1 农业节水补偿机制有助于提高农户参与节水活动的积极性

当前北京农业结构调整的方向为发展节水农业，主要目的是提高水资源利用效率、缓解水资源短缺问题。农户作为农业政策实施和农业生产经营的基本单元，是农业结构调整的微观实践者和探索者，其对农业结构调整有无积极性是新一轮的调整能否取得成功的关键，决定着水资源能否合理利用，影响农业水资源的管理和保护。在一个完整的经济系统下，受比较利益的驱动，农户结构调整决策行为及其意愿会受到农户自身因素和外部环境条件的共同影响。因此，政府在制定农业结构战略性调整的相关政策时，应该综合考虑不同地区的经济状况和具体条件，尊重农民的意愿和选择。

农户在生产结构调整初期往往需要承担较高的成本，并且还要面临自然风险、市场风险、技术风险、决策风险等一系列问题，而且农业本身作为社会效益高、经济效益低的弱势产业，农业及农业节水的经济效益通常要低于它们的社会、生态与环境效益，不利于农户做出结构调整的决策。因此，为了有效促进北京节水型种植结构优化调整的顺利实施，应加大财政支持力度，建立农业节水补偿机制，使农业结构调整得以顺利实施。

进一步从北京过去的实践来看，调结构、转方式、发展高效节水农业等政策的实施的确会在一定程度上影响农民的收益，特别是在高耗水地区、以退出产业为主导的地区和退耕还林（草）地区。但是，通过采取先进的节水灌溉技术，配合相应的生态补偿政策和节水激励政策，能够在一定程度上保证农民的利益不受损。而且，在有些情况下，通过培育新型产业，还可以找到新的经济增长点，进而带动农民增收致富。可以说，只要投入到位、措施得当，完全能够调动起普通农户调整产业结构、转变发展方式、发展高效节水农业的积极性。

4.7.2 尝试构建了基于农户视角的北京市农业节水补偿机制框架

作为农业生产经营的基本单元，农户是保障农业节水目标实现的微观基础。本书基于京郊 368 户农户的调查问卷及访谈资料，采用描述性统计分析法和 Logit 回归模型，对农户参与农业结构调整的意愿及其影响因素进行了计量研究，结果表明：大部分农户已经认识到水资源紧缺问题，并且愿意参与农业节水活动，但仍存在诸多顾虑；农户参与节水活动的意愿受教育程度、家庭月均纯收入、对开展农业节水工作的态度、宣传培训工作等多方面因素的影响，并且不同因素在影响方向和影响程度上存在较大差别。然后，采用选择实验法，对农户农业节水生态补偿接受意愿进行了实证研究，得出如下结论：农户对不同农业节水政策的接受意愿存在差异，农户对技术支持政策的接受意愿最大，而且技术支持政策提供的技术越全面，农户的接受意愿越高；其次是农业水价政策；财政补贴政策对农户节水意愿影响不大；农户对于定额用水管理的接受意愿最低。在农户间接效用较高的两个节水政策组合方案中，农户都选择全程指导的技术支持政策，不限制用水量，在用水量减少 15% 的要求下，每亩设施补贴 600 元，农业水价为 1 元/m³；在用水量减少 30% 的要求下，每亩设施补贴 1200 元，管护补贴每年每亩 100 元。

在上述研究的基础上，构建了北京农业节水生态补偿机制的基本框架，基本原则是"谁用水谁付费，谁节水谁受益，谁受益谁补偿"，补偿主体以市级政府和区县政府为主，社会补偿作为补充是比较切合实际的；补偿对象为节水农户；补偿途径以政府公共财政途径为主、市场途径和社会途径为辅；补偿方式为技术补偿、实物和资金补偿与激励补偿。同时，为保障北京农业节水生态补偿机制的顺利实施，建立了农业给水生态补偿的协调管理机制，完善了农业节水生态补偿相应的法规与制度建设，构建了农业节水主体广泛参与的运行机制，加强了农业节水生态补偿的科学研究和试点工作。

京津冀地区农户农业节水技术采纳行为研究

农户对某项农业新技术的应用会经过一个比较复杂的过程，这种复杂的选择过程一般需要经过对技术的认知、采纳意愿、最终决策等3个步骤。首先，对新技术的准确认知是新技术应用的起始；其次，在节水技术推广过程中，需要考虑新技术对于农民是否可操作、是否容易掌握，也需要考虑应用新技术后对于农民生产经营成本收益有什么影响，只有易操作且具有经济效益的节水技术，农户才有意愿采纳，否则就需要鼓励政策的介入；最后，农户对新技术有了全面的认知，愿意并且能够使用之后，才会做出新技术采纳决策，并且会考虑将技术多大程度应用到农业生产经营过程中，即新技术采纳密度。本章基于农户对农业节水技术的"认知→选择意愿→采纳决策→采用程度"这一完整的动态过程，构建农户节水技术采纳行为分析框架，对农户新技术应用的整个过程及每个阶段进行深入分析。

5.1 京津冀农业节水灌溉工程概况与调研说明

5.1.1 京津冀地区农业节水灌溉工程概况

如表5.1所示，京津冀地区高效节水灌溉方式所占比例远高于全国水平，并且总体呈现明显增长趋势，农业节水灌溉工程以低压管灌技术为主，2019年北京、天津、河北低压管灌技术占节水灌溉工程比例分别为68.64%、72.96%、77.72%。喷滴灌技术在京津冀地区整体呈现下降趋势，微灌技术所占比例变化不大。在区域分布方面，北京节水灌溉所占比例最大，近年来达到95%以上；其次是河北省，在89%左右；天津节水灌溉工程占比最低，在 75% 左右。

表 5.1　2010—2019 年京津冀地区不同灌溉方式占节水灌溉工程比例　单位：%

年份	北京			天津			河北			全国		
	喷滴灌	微灌	低压管灌	喷滴灌	微灌	低压管灌	喷滴灌	微灌	低压管灌	喷滴灌	微灌	低压管灌
2010	28.45	6.75	53.04	2.25	0.91	60.43	8.96	1.22	72.44	11.08	7.75	24.46
2011	27.68	7.24	53.36	2.18	1.13	61.53	8.58	1.28	74.65	10.90	8.96	24.44
2012	27.43	7.56	53.53	2.46	1.16	62.31	6.79	1.65	76.89	10.81	10.34	24.11
2013	18.76	5.75	63.75	2.03	1.41	67.23	4.70	2.24	80.82	11.03	14.23	27.39
2014	19.19	6.50	67.46	2.30	1.36	69.69	5.35	2.79	78.08	10.90	16.13	28.50
2015	18.76	7.56	67.75	2.17	1.30	70.71	6.16	3.45	80.20	12.07	16.95	28.69
2016	16.21	9.13	69.38	1.98	1.27	69.10	6.79	3.82	79.17	12.48	17.82	28.77
2017	15.84	10.01	67.86	1.91	1.23	72.43	7.14	4.00	78.75	12.46	18.31	29.11
2018	15.08	10.54	70.32	1.83	1.20	72.53	7.02	4.04	77.27	12.21	19.17	29.24
2019	16.06	11.70	68.64	1.85	1.08	72.96	7.15	3.78	77.72	12.28	19.02	29.80

资料来源：历年《中国水利统计年鉴》。

5.1.2　调研说明

项目组于 2019 年对京津冀地区农户生产经营与节水技术应用情况开展入户问卷调研。考虑到河北省与北京市、天津市在农业规模上的差异，在河北保定、沧州、邢台、衡水、邯郸、石家庄、张家口等地区发放问卷 400 份，在北京和天津郊区分别发放 300 份。共收集问卷 847 份，剔除无效问卷 16 份，总共收集有效问卷 831 份，其中北京 226 份、天津 263 份、河北 342 份，问卷有效率为 83.1%。

问卷主要内容包括四大部分：第一部分为农户基本情况，包括农户个人特征及家庭特征相关内容；第二部分为农业生产及节水技术采用情况，包括农业节水技术采用情况、节水技术满意度情况等内容；第三部分为农户节水态度，包括资源认知情况、节水主动性等内容；第四部分为农业节水政策接受意愿调研，包括农户对不同农业节水政策组合的偏好等。

5.2 农户对农业节水技术的认知与应用分析

借鉴王金霞等（2013）的研究，将农业节水技术划分为传统型节水技术（如畦灌、沟灌和平整土地等）、经验型节水技术（如地面管道、地膜覆盖、保护性耕作、间歇灌溉和抗旱品种等）、工程型节水技术（如地下管道、喷灌、滴灌和渠道防渗等）。本章运用京津冀地区调研数据，结合部门访谈、典型案例调查，梳理京津冀地区不同类型农业节水技术的应用现状，了解农户对不同农业节水技术的认知情况。

5.2.1 农户对不同类型节水技术认知与应用情况

从图 5.1 中可以看出，使用传统型节水技术的农户仍然占较高的比重，约占样本总量的 79.66%，畦灌、沟灌、平整土地灌溉作为传统型节水技术，在研究样本中所占比重分别为 35.26%、23.71%、20.70%，田块的平整对保土、保水、保肥、防碱保苗、机械化耕作和节约灌溉用水量均有良好作用，所以平整土地灌溉在传统灌溉模式中属于相对高效节约的灌溉方式。

对于经验型节水技术使用数量也比较高，约占样本总量的 61.25%，地面管道、地膜覆盖、保护性耕作、间歇灌溉、选用抗旱品种作为经验型节水技术，在研究样本中所占比重分别为 19.37%、17.57%、1.68%、11.31%、11.31%。经验型节水技术从 20 世纪 80 年代以后才开始逐渐投入农户生产中，与工程型相比具有固定成本较低、可分性较强的特点，简单来说就是普通农户个体比较容易投入和采用，比传统型节水技术具有更高的效率。

工程型农业节水技术约占样本总量的 47.05%，地下管道、喷灌、滴灌、渠道防渗作为工程型节水技术，在研究样本中所占比重分别为 24.07%、6.26%、9.15%、4.57%，工程型农业节水技术对固定成本的投资要求高，并且可分性弱，单个农户难以采用，必须是社区、村集体或部分农户自发组织的群体进行采用，个人难以承担庞大的投入。工程型农业节水技术对水资源的利用效率最高，是水资源友好的农业技术。

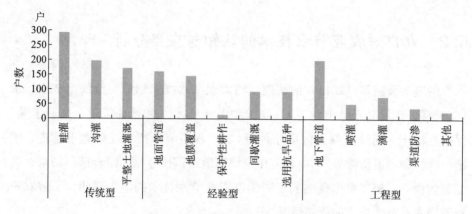

图 5.1 不同类型节水技术应用情况

5.2.2 不同技术类型农户节水技术获取渠道分析

农业节水技术的传播是农业节水技术采纳的基础，农户只有获取了节水技术的信息，完全了解了技术的使用方法、成效等，才有可能在实际生产中采纳。京津冀地区农户获取农业节水技术渠道包括技术推广机构、政府部门、村集体、自己琢磨、效仿周围农民、市场购买等。如表 5.2 所示，在传统型节水技术不同渠道中，村集体、效仿周围农民、自己琢磨、政府部门、技术推广机构、市场购买获取信息的比重分别为 25.63%、22.86%、14.20%、6.50%、6.26%、5.42%。传统型节水技术信息从村集体获取的比重较高，另外22.86%的农户获取传统型节水技术信息通过效仿周围农户，从政府部门、技术推广机构等渠道获取传统型节水技术信息的比重分别仅为 6.50%、6.26%。大部分农户通过村集体、效仿周围农民、自己琢磨等渠道获取传统型节水技术。

在经验型节水技术不同渠道中，效仿周围农民、村集体、自己琢磨、市场购买、技术推广机构、政府部门获取信息比重分别为 16.61%、15.64%、13.96%、8.42%、6.26%、5.90%。经验型节水技术信息从效仿周围农民、村集体、自己琢磨等渠道获取的比重较高，与传统型节水技术信息获取渠道比较相似，从技术推广机构、政府部门获取的比重较小。由此可以看出，农户口口相传的信息传播方式仍是京津冀地区传统型、经验型节水技术信息传播的主要途径，村集体也在技术传播中起到了主要作用，但政府部门、技术推广机构、市场购买等渠道在传统型、经验型节水技术信息传播中的作用相对较小。

在工程型节水技术不同渠道中，村集体、政府部门、自己琢磨、效仿周围农民、技术推广机构、市场购买获取信息的比重分别为18.05%、9.39%、7.46%、7.22%、6.98%、4.45%。与传统型、经验型节水技术信息获取渠道不同，工程型节水技术信息获取中村集体、政府部门占比较高，这也与工程型节水成本高、农户个人不易投入、主要由政府和集体主导投入等特点有关。这说明京津冀地区的政府部门在宣传、推广工程型节水技术方面发挥了非常重要的作用。

整体看，口口相传的效仿周围方式是农户获得并且接受农业节水技术信息的重要渠道，村集体在不同类型节水技术推广工作中都占有重要地位，政府部门的宣传作用在京津冀地区农业节水技术采用中逐渐加强，特别是类似于工程型节水技术等较为先进的农业节水技术的宣传力度较大。京津冀地区农业技术推广机构在节水技术推广方面发挥作用较小，这方面在今后工作中有待加强提高。

表5.2　不同节水技术获取渠道　　　　　　　　　　单位：户，%

分类	技术推广机构	政府部门	村集体	自己琢磨	效仿周围农民	市场购买	其他
传统型	52 (6.26)	54 (6.50)	213 (25.63)	118 (14.20)	190 (22.86)	45 (5.42)	33 (4.07)
经验型	52 (6.26)	49 (5.90)	130 (15.64)	116 (13.96)	138 (16.61)	70 (8.42)	18 (2.17)
工程型	58 (6.98)	78 (9.39)	150 (18.05)	62 (7.46)	60 (7.22)	37 (4.45)	22 (2.65)

注：括号内数据表示不同类型农业节水技术获取渠道样本占整个样本的比重，下同。

在区域差异方面，如表5.3所示，分析京津冀不同地区农业节水技术获取渠道。传统型农业节水技术，北京、河北主要通过村集体获取，天津主要依靠效仿周围农民方式获取。经验型节水技术，天津、河北主要通过效仿周围农民口口相传的方式获取，北京主要通过村集体获取，其次通过技术推广机构、政府部门获取。工程型农业节水技术，北京、天津主要通过村集体方式获得，河北农户主要靠自己琢磨。从整体来看，北京地区技术推广机构、政府部门在农业节水技术推广方面发挥了重要的作用，说明技术推广部门在北京地区建设得较为完善，农业技术推广机构开展节水技术推广工作效率较高。天津、河北的农业技术推广体系亟须完善，要进一步提高技术推广效率和技术应用效果。

表5.3　不同地区农业节水技术获取渠道

单位：%

分类	地区	技术推广机构	政府部门	村集体	自己琢磨	效仿周围农民	市场购买	其他
传统型	整体	7.36	7.64	30.27	16.69	26.87	6.37	4.81
	北京	17.21	11.05	39.32	15.14	11.74	5.53	0.00
	天津	2.85	5.22	21.32	27.49	39.79	2.37	0.95
	河北	5.97	7.69	31.91	10.83	25.37	9.11	9.11
经验型	整体	9.05	8.52	22.78	20.17	24.00	12.17	3.31
	北京	19.50	17.16	35.16	10.96	9.39	7.83	0.00
	天津	9.61	7.21	12.02	25.57	35.18	8.81	1.60
	河北	4.67	5.60	22.04	21.73	25.46	15.22	5.29
工程型	整体	12.35	16.59	31.91	13.20	12.77	7.87	5.31
	北京	19.88	21.58	44.31	4.55	2.85	6.83	0.00
	天津	11.87	11.87	37.02	12.61	25.15	0.00	1.48
	河北	4.42	15.09	13.83	23.29	13.20	15.72	14.46

注：表内数据表示不同地区农业节水技术获取渠道样本占地区整个样本的比重，即北京技术推广机构获取比重等于北京通过技术推广机构获取节水技术的农户数量占北京地区农户总数量的比值，下同。

5.2.3　农户采用节水技术的资金来源分析

由表5.4可知，自筹、村集体是农户获取3种节水技术的主要资金来源，传统型、经验型、工程型节水技术农户从自筹中获取资金的比重分别为44.89%、34.18%、18.41%，从村集体中获取资金的比重分别为15.16%、9.03%、17.57%。特别是对传统型节水技术农户而言，自筹、村集体获取资金的方式约占所有农户的60%；对于工程型节水技术农户，政府部门提供的资金占比明显增加，是重要的资金来源渠道。企业在提供节水技术的资金方面发挥的作用较小，不同类型节水技术资金来自企业的均不足1%。

表5.4　不同节水技术资金来源

单位：户,%

分类	自筹	村集体	合作社	政府部门	企业	其他
传统型	373（44.89）	126（15.16）	13（1.56）	41（4.93）	3（0.36）	40（4.81）
经验型	284（34.18）	75（9.03）	8（0.96）	31（3.73）	3（0.36）	18（2.17）
工程型	153（18.41）	146（17.57）	18（2.17）	65（7.82）	5（0.60）	20（2.41）

如表 5.5 所示，分析京津冀不同地区农业节水技术资金来源可发现，传统型农业节水技术和经验型农业节水技术获取资金的渠道是以自筹为主，各地区用自筹方式获取资金农户比重超过 45%，天津地区甚至高达 80% 以上。对工程型农业节水技术来说，北京、天津以村集体为资金主要来源，政府部门对于资金的提供也起到了重要作用；河北工程型节水农户仍以自筹方式为主要资金来源，村集体、政府部门发挥作用相对较小。需要指出的是，北京农业节水技术资金来源于企业的比率远高于天津和河北，可见北京企业参与农业节水的积极性较高。

表5.5　不同地区农业节水技术资金来源　　　　　　　　单位:%

分类	地区	自筹	村集体	合作社	政府部门	企业	其他
传统型	整体	62.37	21.24	2.18	6.86	0.50	6.86
	北京	45.52	35.06	6.72	11.21	1.49	0.00
	天津	81.28	12.79	0.00	4.44	0.49	0.99
	河北	56.30	20.70	1.54	6.53	0.00	14.94
经验型	整体	67.45	18.05	1.90	7.36	0.71	4.52
	北京	46.49	31.55	4.39	14.93	2.64	0.00
	天津	88.44	7.70	0.00	1.93	0.00	1.93
	河北	68.46	15.75	1.48	5.92	0.00	8.39
工程型	整体	37.31	35.62	4.40	15.85	1.22	5.60
	北京	25.60	41.65	9.54	20.83	2.39	0.00
	天津	38.64	47.05	0.00	12.62	0.00	1.68
	河北	52.00	16.29	1.63	12.22	0.81	17.04

5.3　农户对农业节水技术的选择意愿及影响因素分析

本节将农户对节水技术的选择意愿分为两个层次：一个层次是"是否愿意采用农业节水技术"，另一个层次是"是否愿意持续采用农业节水技术"，并将不同的影响因素分组分类。为了同时考察各影响因素对两层次农户意愿的影响，探索影响其选择意愿的主要原因，不能采用传统的二元或者多元回归的方式，而且意愿等一些变量带有主观感受的回答，具有难以直接测量与难以避免主观测量误差的特征。结构方程模型（Structural Equation Modeling，SEM）能够为不能直接观察到的变量提供一个可以观测的研究方法，并且可以避免主观感知带来的误差，更加适合处理由一系列可测变量构成潜变量的多因素、多结果问题（罗文哲，2019）。基于此，本节采用结构方程模型（SEM），探索不同因素对农户节水技术采纳意愿的影响及其内在机理，从而了解农村节水技术使用现状，把握农户采用节水技术的规律，为政府促进农业节水技术的推广提出合理建议。

5.3.1 不同类型农户对农业节水技术的选择意愿

如表5.6所示，不同禀赋农户采用农业节水技术意愿的情况，分别表示了被调查的农户中，愿意采纳农业节水技术的不同分类农户和不愿意采纳农业节水技术的农户的样本数量以及所占比重。将不同农户个人禀赋和家庭禀赋进行分组，分别对性别、年龄、文化程度、村干部、农业收入占比、种植面积、土地细碎化程度进行分析。

样本中女性为305个，男性为526个，从采用农业节水技术的意愿角度看，女性中不愿意采用的占女性样本总数的28.20%，愿意采用的占女性样本总数的71.80%；男性中不愿意采用的占男性样本总数的28.14%，愿意采用的占男性样本总数的71.86%。从数据统计的角度看，不同性别对农业节水技术的采纳意愿差别不大。

从年龄结构角度，农户采纳技术意愿的比例随着年龄的增加而逐渐增加，在最后一个阶段"60岁以上"人群的采纳意愿下降，采纳意愿与年龄结构呈现"倒U"形关系，采纳意愿比重最高的人群是50~60岁年龄阶段的人群。

从文化程度角度，文化程度与农业节水技术采纳意愿也呈现"倒U"形关系，初中阶段农户采纳技术意愿的比重最高。大专及以上样本为107个，不愿意采纳的占大专及以上样本总数的41.12%，愿意采纳的占大专及以上样本总数的58.88%。从统计数据角度看，学历与农业节水技术采纳意愿的关系不明显。

从农户政治背景层面看，是否为村干部对农户农业节水技术的采纳意愿比重不同，村干部中不愿意采纳农业节水技术的比重为18.00%，愿意采用的占村干部样本总数的 82.00%；而非村干部中不愿意采纳农业节水技术的比重为 28.81%，愿意采纳的占非村干部样本总数的 71.19%。作为村干部的农户节水技术采纳意愿的比例要高于非村干部的农户，政治背景对农户农业节水技术的采纳意愿具有促进作用。

从农户收入角度分析，农业收入占家庭总收入 20% 以下、20% ~ 50%、50% ~ 80%、80% 以上不愿意采纳农业节水技术的比重分别为 33.54%、39.32%、13.82%、10.74%，愿意采纳农业节水技术的比重分别为 66.46%、60.68%、86.18%、89.26%。农业收入占家庭总收入比重越高的决策人节水技术采纳意愿越高，他们更愿意投入更多的精力去研究新技术，对农业依赖程度越高。

从种植面积统计数据角度看，种植规模与节水技术采纳意愿关系规律性并不明显。5 亩以下（包括 5 亩）农户、5 ~ 10 亩规模的农户、10 ~ 20 亩规模的农户、20 亩以上规模的农户，愿意采纳农业节水技术的比重分别为 70.35%、68.40%、97.06%、93.10%。从整体上看，中大规模农户愿意采纳农业节水技术的比重在 90% 以上，规模越大农户对农业节水技术采纳的意愿越强烈。规律性不明显的原因可能是统计样本量的问题。

从土地细碎化程度分析，对节水技术采纳意愿的影响并没有明显的规律性。土地集中连片、相距较近、相距较远的农户愿意采纳农业节水技术的比重分别为 72.73%、74.14%、67.86%。

表 5.6　不同禀赋农户采用农业节水技术的意愿情况

组别		总数（个）	是否愿意采纳节水技术			
			不愿意（个）	比重（%）	愿意（个）	比重（%）
性别	女	305	86	28.20	219	71.80
	男	526	148	28.14	378	71.86
年龄	30 岁以下（包括 30 岁）	72	34	47.22	38	52.78
	(30, 40]	167	62	37.13	105	62.87
	(40, 50]	290	67	23.10	223	76.90
	(50, 60]	246	55	22.36	191	77.64
	60 岁以上	56	16	28.57	40	71.43

组别		总数（个）	是否愿意采纳节水技术			
			不愿意（个）	比重（%）	愿意（个）	比重（%）
文化程度	小学及以下	104	31	29.81	73	70.19
	初中	391	94	24.04	297	75.96
	高中或中专	229	65	28.38	164	71.62
	大专及以上	107	44	41.12	63	58.88
村干部	否	781	225	28.81	556	71.19
	是	50	9	18.00	41	82.00
农业收入占比	20%以下	325	109	33.54	216	66.46
	20%~50%	234	92	39.32	142	60.68
	50%~80%	123	17	13.82	106	86.18
	80%以上	149	16	10.74	133	89.26
种植面积	5亩以下（包括5亩）	543	161	29.65	382	70.35
	(5, 10]	212	67	31.60	145	68.40
	(10, 20]	34	1	2.94	33	97.06
	20亩以上	29	2	6.90	27	93.10
土地细碎化程度	集中连片	231	63	27.27	168	72.73
	相距较近	348	90	25.86	258	74.14
	相距较远	252	81	32.14	171	67.86

注：比重为样本占本组别比重，例如女性不愿意采纳农业节水技术的比重为86/305。

对第二层面持续采纳节水技术的意愿来说，农户个人禀赋方面：①女性很愿意、比较愿意持续采纳节水技术的比重分别为36.39%、35.41%；男性愿意持续采纳的比重高于女性，很愿意、比较愿意持续采纳节水技术的比重分别为38.97%、37.26%。②从年龄结构角度分析，不同年龄阶段人的节水技术采纳意愿并没有明显的规律性，很愿意持续采用农业节水技术人群比重最高的为30~40岁年龄阶段，占比为44.31%。③从文化程度角度分析，样本的文化程度与很愿意持续采纳节水技术呈现正相关关系：文化程度越高，很愿意持续采纳节水技术的比重越高。小学及以下、初中、高中或中专、大专及以上很愿意持续采纳节水技术的比重分别为25.96%、36.32%、43.23%、44.86%。④从农户政治背景层面看，是否为村干部对农户农业节水技术的持续采纳意愿具有一定差异，村干部中很愿意持续采纳农业节水技术的比重为44.00%，非村干部中很愿意持续采纳农业节水技术的比重为37.64%，村干部的持续采纳意愿比例要高于非村干部的农户。

农户家庭禀赋方面：①从农户收入角度分析，农业收入占家庭总收入的比重对农户持续采纳农业节水技术的意愿的影响不存在明显的规律性。②从种植面积角度看，比较愿意以及很愿意持续采纳农业节水技术的人群的农业种植面积具有明显的规律性，5 亩以下（包括 5 亩）、5~10 亩、10~20 亩、20 亩以上比较愿意和很愿意持续采纳农业节水技术的人群占比分别为72.74%、76.89%、79.41%、89.66%，种植面积越大持续采纳节水技术的意愿越强烈。③从土地细碎化程度分析，虽然其对节水技术采纳意愿的影响并没有明显的规律性，但是对持续采纳节水技术的意愿的影响具有明显的规律，集中连片、相距较近、相距较远的样本组，很愿意持续采纳节水技术的比重分别为40.26%、38.22%、35.71%，可见土地细碎化程度越低，持续采纳节水技术的意愿越强烈（见表5.7）。

表5.7　不同禀赋农户持续采用农业节水技术的意愿情况

组别		总数（个）	是否愿意持续采纳节水技术									
			1（个）	比重（%）	2（个）	比重（%）	3（个）	比重（%）	4（个）	比重（%）	5（个）	比重（%）
性别	女	305	2	0.66	3	0.98	81	26.56	108	35.41	111	36.39
	男	526	4	0.76	8	1.52	113	21.48	196	37.26	205	38.97
年龄	30 岁以下（包括 30 岁）	72	0	0.00	2	2.78	20	27.78	27	37.50	23	31.94
	（30，40]	167	0	0.00	0	0.00	38	22.75	55	32.93	74	44.31
	（40，50]	290	3	1.03	3	1.03	70	24.14	108	37.24	106	36.55
	（50，60]	246	2	0.81	5	2.03	57	23.17	91	36.99	91	36.99
	60 岁以上	56	1	1.79	1	1.79	9	16.07	23	41.07	22	39.29
文化程度	小学及以下	104	0	0.00	1	0.96	33	31.73	43	41.35	27	25.96
	初中	391	3	0.77	2	0.51	100	25.58	144	36.83	142	36.32
	高中或中专	229	3	1.31	5	2.18	41	17.90	81	35.37	99	43.23
	大专及以上	107	0	0.00	3	2.80	20	18.69	36	33.64	48	44.86

组别		总数（个）	是否愿意持续采纳节水技术									
			1（个）	比重（%）	2（个）	比重（%）	3（个）	比重（%）	4（个）	比重（%）	5（个）	比重（%）
村干部	否	781	6	0.77	10	1.28	184	23.56	287	36.75	294	37.64
	是	50	0	0.00	1	2.00	10	20.00	17	34.00	22	44.00
农业收入占比	20%以下	325	1	0.31	4	1.23	86	26.46	120	36.92	114	35.08
	20%~50%	234	2	0.85	4	1.71	63	26.92	70	29.91	95	40.60
	50%~80%	123	2	1.63	0	0.00	23	18.70	52	42.28	46	37.40
	80%以上	149	1	0.67	3	2.01	22	14.77	62	41.61	61	40.94
种植面积	5亩以下（包括5亩）	543	3	0.55	8	1.47	137	25.23	190	34.99	205	37.75
	（5，10]	212	2	0.94	1	0.47	46	21.70	76	35.85	87	41.04
	（10，20]	34	0	0.00	1	2.94	6	17.65	15	44.12	12	35.29
	20亩以上	29	1	3.45	1	3.45	1	3.45	14	48.28	12	41.38
土地细碎化程度	集中连片	231	2	0.87	3	1.30	54	23.38	79	34.20	93	40.26
	相距较近	348	1	0.29	5	1.44	82	23.56	127	36.49	133	38.22
	相距较远	252	3	1.19	3	1.19	58	23.02	98	38.89	90	35.71

注：表头中1~5代表愿意持续采用农业节水技术的程度：1=很不愿意；2=较不愿意；3=一般；4=比较愿意；5=很愿意。比重为样本占本组别比重，例如女性"1=很不愿意"持续采用农业节水技术的比重为2/305。

5.3.2 研究假设、变量定义及变量的统计性描述

（1）研究假设

借鉴已有的文献研究，同时依据对京津冀农户节水技术情况的调研，将华北地区农户节水技术采纳意愿的影响因素分为：农户个人禀赋、农户家庭禀赋、政策宣传、环境意识4个方面。

①农户个人禀赋。农户个人禀赋潜变量包括性别、年龄、文化程度、村干部4项观察变量。

许多已有的研究认为农村女性普遍思想传统，对新技术采纳的意愿弱于男性，这由农村女性的家庭属性所导致，农村女性与外界交流频率较低、信

息获取能力较弱，致使对新技术的理解能力弱于男性，因此女性对农业节水技术采纳等的意愿较低。

农户对节水技术的采纳意愿受到决策人的年龄影响，年龄较小的农业决策人对新技术的采纳意愿较高，这是因为他们对外界的信息获取能力较强，对新事物的接受速度较快。年龄较大的农业决策人，会受到传统种植经验的影响，技术惯性较高，对新的节水技术接受速度较慢，并且认为更换新技术要投入成本以及冒更大风险。

农户受教育程度越高，对技术应用的经济效益和社会效益的理解程度越深，也能够越快速地接受农业技术推广和宣传。但是统计数据显示（见表5.6），初中学历的农户愿意采纳节水技术的比重为75.96%，是愿意采纳节水技术比重最高的。

政治背景对农业节水技术的采纳意愿也有一定的影响，村干部是农民与党和政府之间的桥梁，是政策最基层的执行者，对新技术的获取渠道和接受速度都比普通农户快，并且是新技术的带头人，更愿意并且持续愿意采纳农业节水技术。

②农户家庭禀赋。农户家庭禀赋潜变量包括农业收入占家庭总收入比重、种植面积、土地细碎化程度3项观察变量。

由于我国农业产业与第二、第三产业相比产值较低，农业收入占家庭总收入比重越高，说明农户对第一产业的依赖度越高，这种情况下的农业决策人对于新技术带来的经济效益更加看重，也使得他们愿意投入更多的精力去研究新技术，这也被许多学者证明（黄武，2010；吴乐，2011）。但是从另一个角度来看，由于新技术的投入需要一定的成本，尤其是工程型节水技术，如果不考虑政府的政策，那么新技术的采纳意愿要考虑农业决策人的经济实力，而从整体上看农业收入占家庭总收入比重越高的家庭，家庭总收入越低。

种植面积对农业节水技术的采纳意愿有一定的影响。种植面积较大的农户在经营过程中会更考虑长期的、可持续的发展，并且由于规模效应的影响，从成本效益角度考虑，种植面积大的农户对节水技术的采纳意愿更高。从统计数据看，适度规模农户愿意采纳节水技术的比重反而更高，但是持续采纳意愿比重随着规模扩大而提高，可能的原因是大规模农户的土地可能来自流转，节水设施属于固定资产投入，所以不考虑政策支持，流转农户对节水技术投入的意愿不强，他们一旦决定投入，会持续采纳节水技术。

土地细碎化程度一定程度上影响农户节水技术的采纳，这主要是因为投入成本的影响。地块越分散，设施投入成本越高，经济效益越低，因此集中连片的土地操作起来更加方便，土地越分散的农户对农业节水技术采纳的意愿越弱。

③政策宣传。政策宣传潜变量包括培训情况、节水宣传、政策满意度3项观察变量。

参加节水技术培训情况会影响农业节水技术的采纳意愿，参加过农业节水技术培训的决策者会对技术的经济效益和社会效益有更深层次的理解，对农业节水技术的采纳意愿更强，并且持续采纳的意愿也更强。农业技术培训也是农业技术推广的主要方式之一。

技术推广的另一个主要方式是节水技术宣传，技术宣传越到位，宣传力度越大，宣传效果越好，农户对农业节水技术的采纳和持续采纳的意愿越强。本节用"农户是否看到过农业节水方面的宣传"来表示节水宣传程度，通过节水宣传，强化农民节水意识，通过政策的调节，让农民节水成为一种自觉行动。因此，看到过节水宣传的农户要比没看到过的农户节水技术采纳意愿更强烈。

农业节水技术除了经济效益外，还有明显的社会效益，可以很大程度提高水资源的使用效率，节约淡水资源，避免资源过度浪费。为了推广节水技术，各地区政府都出台了多种举措推进节水农业发展。对当前农业节水制度与政策安排的满意程度会影响农户对农业节水技术的采纳意愿，即对当前制度安排越满意就越愿意采纳并且持续采纳节水技术。

④环境意识。环境意识潜变量包括缺水情况认知、节水态度、生态环境意识3项观察变量。

对水资源的认知会影响农业节水技术的采纳意愿，本节用"您认为所在的地区是否缺水"来代表当地缺水情况。认知会影响意愿，认为华北地区水资源非常稀缺的农业决策者，对农业节水技术的采纳意愿和持续采纳意愿比较强烈。

农户对开展农业节水工作的态度也会影响对农业节水技术的采纳意愿。当地政府开展节水技术宣传和推广工作，会影响农户对节水工作的认知和态度，进而影响农户对节水技术的采纳意愿。对于农业节水态度非常赞成的农户，对农业节水技术的采纳意愿较强。

农户认为农业节水技术对生态环境及农业长期发展具有重要作用，就会更愿意采纳农业节水技术，并且愿意持续采纳。具有生态意识、环保意识的农户，社会责任感越强的农户，对于采用农业节水技术的长远利益理解得更加深刻，更愿意持续采纳农业节水技术。

（2）变量定义

综上所述，定义本研究相关变量如表5.8所示。

表5.8　变量的定义

分类	潜变量	观察变量	变量描述
内衍潜变量	节水技术采纳意愿	Y1：是否愿意采纳农业节水技术	1＝否；2＝是
		Y2：愿意持续采用农业节水技术的程度	1＝很不愿意；2＝较不愿意；3＝一般；4＝比较愿意；5＝很愿意
外衍潜变量	农户个人禀赋	A1：性别	1＝女；2＝男
		A2：年龄	被访问人年龄：岁
		A3：文化程度	1＝小学及以下；2＝初中；3＝高中或中专；4＝大专及以上
		A4：村干部	是否为村干部？1＝否；2＝是
	农户家庭禀赋	B1：农业收入占家庭总收入比重	1＝20%；2＝20%～50%；3＝50%～80%；4＝80%以上
		B2：种植面积	您家有几亩地？（　）亩
		B3：土地细碎化程度	您家地块分散程度：1＝集中连片；2＝相距较近；3＝相距较远
	政策宣传	C1：培训情况	是否参加过农业节水方面的培训：1＝否；2＝是
		C2：节水宣传	是否看到过农业节水方面的宣传？1＝否；2＝是
		C3：政策满意度	您对当前农业节水制度与政策安排的满意程度？1＝很不满意；2＝不太满意；3＝一般；4＝较满意；5＝很满意
	环境意识	D1：缺水情况认知	您认为所在的地区是否缺水？1＝不缺水；2＝一般缺水；3＝严重缺水
		D2：节水态度	您对农业节水工作的态度？1＝强烈反对；2＝比较反对；3＝中立；4＝比较赞成；5＝非常赞成
		D3：生态环境意识	您认为采用农业节水技术对生态环境及农业长期发展的重要程度？1＝很不重要；2＝较不重要；3＝一般；4＝比较重要；5＝很重要

具体提出如下假设：

H1：农户个人禀赋、农户家庭禀赋、政策宣传、环境意识对农业节水的采纳意愿有重要的影响。

H2：农户的性别、文化程度、是否为村干部、种植面积、培训情况、节水宣传、政策满意度、缺水情况认知、节水态度、生态环境意识等可观测变量对农户农业节水的采纳意愿有正向影响。农业收入占家庭总收入比重对农户农业节水的采纳意愿影响方向存在两种可能性，但是依据笔者对华北调研的实际情况，预期农业收入占家庭总收入比重对农户农业节水的采纳意愿有正向影响。

H3：农户年龄、土地细碎化程度对农户农业节水的采纳意愿有负向影响。

农户节水技术采纳意愿为内衍潜变量，包括是否愿意采纳农业节水技术、愿意持续采用农业节水技术的程度两个可观测变量。农户个人禀赋、农户家庭禀赋、政策宣传、环境意识为外衍潜变量。内衍潜变量、外衍潜变量、可观测变量共同组成本节的假设。

（3）变量的统计性描述

如表5.9所示，在变量的统计性描述中，是否愿意采纳农业节水技术选项均值为1.72，愿意持续采用农业节水技术的程度均值为4.10，愿意采纳农业节水技术的决策人占比较大。性别（$A1$）、年龄（$A2$）、文化程度（$A3$）、村干部（$A4$）均值分别为1.63、46.70、2.41、1.06，标准差分别为0.48、10.32、0.87、0.24，样本男性占比较高，平均年龄在46.70岁，平均学历初中到高中，村干部人数占比较低。

农业收入占家庭总收入比重（$B1$）、种植面积（$B2$）、土地细碎化程度（$B3$）均值分别为2.12、18.80、2.03，标准差分别为1.12、182.49、0.76，样本中农业收入占家庭总收入比重在20%~50%阶段人数较多，种植规模平均为18.80亩，但是标准差为182.49，说明小规模农户仍然占比较大。

培训情况（$C1$）、节水宣传（$C2$）、政策满意度（$C3$）均值分别为1.22、1.43、3.34，标准差分别为0.42、0.50、0.90，样本农户参加过农业培训的人数占比较小，看到过农业节水宣传的农户比重接近一半，对节水技术的满意度为一般。

缺水情况认知（*D*1）、节水态度（*D*2）、生态环境意识（*D*3）均值分别为 1.97、4.26、4.28，标准差分别为 0.80、0.78、0.84，样本对地区缺水程度认知方面还有待提高，对华北地区缺水程度认知不够，但对节水工作的态度和节水技术对生态环境重要程度认知都比较高，普遍认为节水工作很重要。

表 5.9 变量的统计性描述

变量名称	均值	标准差	最小值	最大值
*Y*1：是否愿意采纳农业节水技术	1.72	0.45	1	2
*Y*2：愿意持续采用农业节水技术的程度	4.10	0.85	1	5
*A*1：性别	1.63	0.48	1	2
*A*2：年龄	46.70	10.32	21	77
*A*3．文化程度	2.41	0.87	1	4
*A*4：村干部	1.06	0.24	1	2
*B*1：农业收入占家庭总收入比重	2.12	1.12	1	4
*B*2：种植面积	18.80	182.49	0.1	800
*B*3：土地细碎化程度	2.03	0.76	1	3
*C*1：培训情况	1.22	0.42	1	2
*C*2：节水宣传	1.43	0.50	1	2
*C*3：政策满意度	3.34	0.90	1	5
*D*1：缺水情况认知	1.97	0.80	1	4
*D*2：节水态度	4.26	0.78	1	5
*D*3：生态环境意识	4.28	0.84	1	5

5.3.3 模型设定

结构方程模型（Structural Equation Modeling，SEM），也有学者称为潜在变量模型（Latent Variable Models，LVM），是一个允许多数潜变量指标存在的模型，是比传统的因素分析结构给予更多普遍性的测量模型，并且能够使研究者专一地规划出潜在变量之间的关系（周子敬，2006）。结构方程模型是一种可以将测量与分析整合为一的计量研究技术，可以同时估计模型中的测量指标、潜在变量，不仅可以估计测量过程中指标变量的测量误差，也可以评估测量的信度与效度（吴明隆，2017），模型具体形式如下：

$$X = \Lambda_x \xi + \sigma$$

$$Y = \Lambda_y \eta + \varepsilon$$
$$\eta = \Gamma \xi + \zeta \ (\text{或} \ \eta = B\eta + \Gamma \xi + \zeta)$$

其中，σ 为可测变量 X 的测量误差项；ε 为因变量 Y 的测量误差项；ξ 为外衍潜变量，为农业节水技术采纳意愿；X 为外衍潜变量的可测变量，可观测变量为"是否愿意采纳农业节水技术""愿意持续采用农业节水技术的程度"；Λ_x 为外衍潜变量与其他可测变量的关联系数矩阵。ζ 为内衍潜变量，包括农户个人禀赋、农户家庭禀赋、政策宣传、环境意识，Y 为内衍潜变量的可测变量，包括性别（$A1$）、年龄（$A2$）、文化程度（$A3$）、村干部（$A4$）、农业收入占家庭总收入比重（$B1$）、种植面积（$B2$）、土地细碎化程度（$B3$）、培训情况（$C1$）、节水宣传（$C2$）、政策满意度（$C3$）、缺水情况认知（$D1$）、节水态度（$D2$）、生态环境意识（$D3$）；Λ_y 为内衍潜变量与其可测变量的关联系数矩阵。内衍潜变量和外衍潜变量通过 η 联系起来，η 由 Γ 系数以及测量误差 ζ 表示。

经过信度与效度检验，模型最终关系如图 5.2 所示。

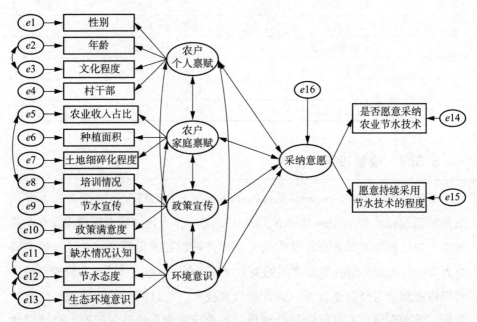

图 5.2 农户节水技术采纳意愿影响因素的结构方程关系假说模型

依据结构方程关系假说模型图，得到农户节水技术采纳意愿影响因素的结构方程模型为：

$$
\begin{bmatrix} A1 \\ A2 \\ A3 \\ A4 \\ B1 \\ B2 \\ B3 \\ C1 \\ C2 \\ C3 \\ D1 \\ D2 \\ D3 \\ Y1 \\ Y2 \end{bmatrix}
=
\begin{bmatrix}
\lambda_{11} & & & & \\
\lambda_{12} & & & & \\
\lambda_{13} & & & & \\
\lambda_{14} & & & & \\
& \lambda_{21} & & & \\
& \lambda_{22} & & & \\
& \lambda_{23} & & & \\
& & \lambda_{31} & & \\
& & \lambda_{32} & & \\
& & \lambda_{33} & & \\
& & & \lambda_{41} & \\
& & & \lambda_{42} & \\
& & & \lambda_{43} & \\
& & & & \lambda_{51} \\
& & & & \lambda_{52}
\end{bmatrix}
\times
\begin{bmatrix} A \\ B \\ C \\ D \\ Y \end{bmatrix}
+
\begin{bmatrix} e_1 \\ e_2 \\ e_3 \\ e_4 \\ e_5 \\ e_6 \\ e_7 \\ e_8 \\ e_9 \\ e_{10} \\ e_{11} \\ e_{12} \\ e_{13} \\ \varepsilon_1 \\ \varepsilon_2 \end{bmatrix}
$$

5.3.4　结果分析

对模型拟合后，进行整体模型适配度的检验，模型参数没有明显的违规现象，如表 5.10 所示，通过绝对适配度指数、增值适配度指数、简约适配度指数分析（Hair，1998；吴明隆，2017）。CMIN 为模型的卡方值，虽然卡方值越小表示整体模型的因果路径与实际越适配，但是卡方检验最适合的样本数量为 100~200，本书样本数量在 800 以上，需要通过其他检验来证明模型的适配性，CMIN 就不是关键的指标。GFI 为适配度指数，当拟合值大于 0.9 时，表示模型路径图与实际数据有良好的适配度。AGFI 为调整适配度指数，越接近 1 表示模型适配度越好。NFI、IFI、CFI 分别为规准适配指数、增值适配指数、比较适配指数，均为越接近 1 表示模型适配度越好，本书 NFI、IFI、CFI 检验接近理想值。PNFI 为简约调整后的规准适配指数，比 NFI 指标更适合用来判断模型的精简程度，模型 PNFI = 0.582 > 0.5；简约适配指数（PGFI）= 0.605>0.5，综合说明设定的结构方程模型较简约且具有较好的拟合度。

表 5.10　SEM 适配度评价指标

统计检验量	实际 SEM 拟合值	标准	结果
绝对适配度指数			
CMIN	357.689	P<0.05（P=0.00）	不理想
GFI	0.946	>0.9	理想
AGFI	0.914	>0.9	理想
增值适配度指数			
NFI	0.804	>0.9	比较理想
IFI	0.839	>0.9	比较理想
CFI	0.836	>0.9	比较理想
简约适配度指数			
PGFI	0.605	>0.5	理想
PNFI	0.582	>0.5	理想

资料来源：检验部分的理论分析，主要参考：吴明隆.结构方程模型——AMOS 的操作与应用[M].重庆：重庆大学出版社，2017.

模型回归结果如表 5.11 所示，农户个人禀赋潜变量通过了显著性水平为 10%的检验，影响系数为正，表明农户个人禀赋对农业技术采纳意愿具有促进作用，是影响决策人农业技术采纳意愿的主要变量。农户家庭禀赋潜变量通过了显著性水平为 10%的检验，影响系数为正，表明农户家庭禀赋对农业技术采纳意愿具有促进作用，是影响决策人农业技术采纳意愿的主要变量。政策宣传因素潜变量通过了显著性水平为 1%的检验，影响系数为正，表明政策宣传因素对农业技术采纳意愿具有促进作用，是影响决策人农业技术采纳意愿的主要变量。环境意识因素潜变量没有通过显著性水平检验，影响系数为正，表明环境意识因素对农业技术采纳意愿具有促进作用，但不是影响决策人农业技术采纳意愿的主要因素。农户个人禀赋、农户家庭禀赋、政策宣传标准化系数分别为 0.03、0.51、0.09，说明家庭禀赋对决策人农业节水技术采纳意愿和持续采纳意愿影响最大，政策宣传因素影响次之，农户个人禀赋对其影响最小。

（1）采纳意愿可观测变量的影响

决策人"是否愿意采纳农业节水技术""愿意持续采用农业节水技术的程度"两个可观测变量对农户节水技术采纳意愿的影响都是正向的，标准化系数分别为0.28、0.11，说明两个可观测变量相比，"是否愿意采纳农业节水技术"变量对决策人的影响强度大于"愿意持续采用农业节水技术的程度"。

（2）政策宣传对农业节水技术采纳意愿的影响

政策宣传是影响农业节水技术采纳意愿的重要因素，标准化系数（路径系数）为0.09，表明政策宣传因素的差异对决策人农业节水技术采纳意愿和持续采纳意愿具有较大程度的影响。

良好的政策环境有利于调动农户决策者农业节水技术采纳的积极性，高效的技术宣传方式，有利于加深农户对节水技术的理解程度，促进农业节水技术在华北地区大面积推广。在政策宣传因素中决策人接受节水技术的培训情况、接收到的政府节水宣传情况、对政府节水制度和政策的满意程度为可观测到的变量，标准化系数分别为0.55、0.60、0.05，且均通过了显著性水平为1%的检验，影响系数为正，表明培训情况、节水宣传、政策满意度均对农业节水技术采纳意愿具有促进作用。从影响程度来看，决策人接收到的政府节水宣传情况影响系数为0.60，表明节水宣传是相对最有效地促进农业节水技术推广的方式；决策人受到节水技术的培训同样会促进农业节水技术采纳意愿，技术培训是决策人深入了解节水灌溉技术的直接途径，可以加深农户对新技术经济效益、社会效益、生态效益的理解和判断，加强其对农业节水技术的采纳意愿；决策人对政府节水制度和政策的满意程度会影响农业节水技术的采纳，由于节水技术具有一定的生态效益，在推广的过程中，当地政府在一定程度上给予基础设施补贴、灌溉费用补贴，或者提供技术支持和示范区建设等，合理的政策和制度的支持也会促使农户采纳农业节水技术，这是因为农户个人在面对新技术投入时，经济效益是其主要考虑的因素，一定程度的政府支持会降低农户个人投入成本。

（3）农户个人禀赋和家庭禀赋对农业节水技术采纳意愿的影响

农户个人禀赋和家庭禀赋是影响农业节水技术采纳意愿的主要因素，标准化系数（路径系数）分别为 0.03、0.51，表明农户个人禀赋和家庭禀赋差异对决策人农业节水技术采纳意愿和持续采纳意愿具有一定程度的影响。

在农户个人禀赋中，只有政治背景因素呈现显著情况，标准化系数为 0.02，正在担任或者曾经担任过村干部的农户，是国家政策的基层传递者，是普通农户与政府的桥梁，他们最先接触到农业政策，了解社会和生态发展情况，对农业节水技术推广的必要性具有深刻的理解，所以正在担任和曾经担任过村干部的人农业节水技术的采纳意愿更强。年龄、文化程度影响不显著，且文化程度影响方向与预期不一致，可能的原因是统计数据问题，从统计的角度发现文化程度与农业节水技术采纳意愿关系不存在明显的规律性。在传统的认知中，受教育程度会影响农户节水技术的采纳意愿和对技术的理解，但是从另一个角度看，在华北地区就业机会多和劳动力市场比较发达，受教育程度越高的农户获得其他就业机会的可能性越高，兼业行为发生的可能性越高，并且对技术采用的经济效益更为敏感，尤其是在普遍对华北地区缺水程度认知不深刻的背景下，综合各种因素导致文化程度对农业节水技术的采纳意愿影响不显著。

农户家庭禀赋是影响农业节水技术采纳意愿的另一个因素，其直接路径系数为 0.51，有 3 个可观测变量——农业收入占家庭总收入比重、种植面积、土地细碎化程度，标准化系数分别为 0.80、0.07、-0.001，但没有通过显著性检验，说明这 3 个可观测变量并不是影响农业节水技术采纳意愿的主要因素。但是从路径系数角度分析，农业收入占家庭总收入比重对决策人农业节水技术采纳意愿具有一定程度的影响，农业收入占比越高的家庭，对农业的依赖性越强，同时更关注生产管理中的劳动力节约问题和生产效率问题；节水技术会带来一定的经济效益与劳动力的解放，在保证农业生产的前提下，较低的灌溉劳动强度和较高的农业种植收入是农户灌溉方式选择的出发点（罗文哲，2019）。种植规模和土地集中程度共同构成种植的规模效应，这也一定程度上会影响节水技术采纳意愿，尤其是种植大户，对于水资源量的波动较为敏感，种植面积大的农户对节水技术的采纳更加迫切。

表 5.11 SEM 模型结果分析

分类	路径	系数估计值	S.E.	C.R.	P	标准化系数
结构模型	采纳意愿←农户个人禀赋	1.746	0.957	1.824	*	0.03
	采纳意愿←农户家庭禀赋	0.114	0.073	1.562	*	0.51
	采纳意愿←政策宣传	0.392	0.106	3.689	***	0.09
	采纳意愿←环境意识	0.020	0.029	0.681	0.496	0.28
测量模型	是否采纳←采纳意愿	1.000	—	—		0.28
	持续采纳←采纳意愿	1.116	0.236	-4.724	***	0.11
	性别←农户个人禀赋	1.000	—	—		0.01
	年龄←农户个人禀赋	-1.472	2.93	-0.502	0.615	-0.001
	文化程度←农户个人禀赋	-16.263	12.396	-1.312	0.190	-0.68
	村干部←农户个人禀赋	0.755	0.434	1.739	*	0.02
	农业收入占比←农户家庭禀赋	1.000	—	—		0.80
	种植面积←农户家庭禀赋	0.217	0.161	1.348	0.178	0.07
	土地细碎化程度←农户家庭禀赋	-0.032	0.063	-0.508	0.611	-0.001
	培训情况←政策宣传	1.000	—	—	***	0.55
	节水宣传←政策宣传	1.247	0.111	11.244	***	0.60
	政策满意度←政策宣传	0.630	0.121	5.201	***	0.05
	缺水情况认知←环境意识	1.000	—	—		0.38
	节水态度←环境意识	1.191	0.334	3.564	***	0.65
	生态环境意识←环境意识	1.597	0.458	3.487	***	0.98

注：*、***分别表示在10%、1%的水平上显著。

5.4　农户农业节水技术的采用程度分析

对于某项技术的应用，农户是理性的，多数情况下农户更喜欢依据自己的经验从事农业生产。但是当进行技术革新，有新技术投入时，传统的研究方法关注技术投入决策的因素，往往忽略了一个关键，就是农户若决定采用某项新技术，会考虑在多大程度上或多大范围采用该项技术，也就是说，相当部分的农户并不会在所有生产活动中采用新技术，而是有探索性地试验采纳。因此，传统的研究方法"农户一旦决定采用某种新技术，所有的农业生产都采用该技术"的设定存在误差，我们更应该考虑后续过程，即农户决定用某种技术，在实际采用过程中采纳密度如何，即在其所有生产中，采纳新技术的占比如何。

因此本章借鉴 Cragg（1977）提出的 Double – Hurdle 模型和储成兵（2015）的研究成果，把农户采纳节水技术的行为分为两个阶段的决策过程进行研究，第一个阶段的决策是农户决定是否采纳节水技术；第二个阶段是农户在决定采纳节水技术的情况下的采纳程度，本书以"节水灌溉面积"占"实际播种面积"的比值来表示。根据实地调研数据，研究不同个人特征农户、不同家庭特征农户的节水技术采纳决定和采用程度，并进一步分析影响农户采纳节水技术的因素。

5.4.1 不同类型农户农业节水技术的采纳程度

不同禀赋农户农业节水技术采纳程度不同，将被调查的农户中采用农业节水技术的农户进行统计，分成采纳密度低于50%的、采纳密度高于50%的两类。将不同农户个人禀赋和家庭禀赋进行分组，分别对性别、年龄、文化程度、村干部、农户家庭月均收入、土地细碎化程度、培训情况进行分析（见表5.12）。

①从个人禀赋角度分析：女性农业节水技术采纳密度高于50%的比重高于男性，分别占79.72%与75.54%。从年龄结构角度分析，农业节水技术采纳密度高于50%的比重随着年龄的增加，先减少后增加，呈现"倒 U"形关系，30岁以下、50岁以上的人群农业节水技术采纳密度高于50%的比重较高。从文化程度角度分析，文化程度与农业节水技术采纳密度高于50%的比重呈现"倒 U"形关系，小学及以下、大专及以上农业节水技术采纳密度高于50%的比重分别为86.11%、83.87%。政治背景无论在农业节水技术采纳决策和采纳程度方面都有主要影响，正担任村干部的和曾经担任过村干部的农户农业节水技术采纳密度高于50%的占比为85.00%，没担任过村干部的农户农业节水技术采纳密度高于50%的占比为76.50%。

②从家庭禀赋角度分析：家庭月均收入与节水技术采纳密度高于50%的比重呈现"倒 U"形关系，家庭月均收入2000元及以下、2001~4000元、4001~6000元、6001~8000元、8001~10000元、10001元及以上农户节水技术采纳密度高于50%的比重分别为81.16%、77.08%、73.91%、67.39%、

71.43%、91.30%。土地细碎化程度与节水技术采纳密度高于50%的比重并没有明显的规律性。参加过节水技术培训的农户，农业节水技术采纳密度高于50%的比重为92.68%，远高于没参加过节水技术培训的农户，可以认为节水技术培训对于技术推广和普及具有重要作用。

表5.12　不同禀赋农户农业节水技术的采纳程度

组别		总数（个）	节水技术采纳程度			
			采纳密度低于50%（个）	比重（%）	采纳密度高于50%（个）	比重（%）
性别	女	217	44	20.28	173	79.72
	男	372	91	24.46	281	75.54
年龄	30岁以下（包括30岁）	38	9	23.68	29	76.32
	（30，40］	103	25	24.27	78	75.73
	（40，50］	219	56	25.57	163	74.43
	（50，60］	189	40	21.16	149	78.84
	60岁以上	25	5	20.00	20	80.00
文化程度	小学及以下	72	10	13.89	62	86.11
	初中	291	85	29.21	206	70.79
	高中或中专	164	30	18.29	134	81.71
	大专及以上	62	10	16.13	52	83.87
村干部	否	549	129	23.50	420	76.50
	是	40	6	15.00	34	85.00
家庭月均收入	2000元及以下	138	26	18.84	112	81.16
	2001~4000元	253	58	22.92	195	77.08
	4001~6000元	115	30	26.09	85	73.91
	6001~8000元	46	15	32.61	31	67.39
	8001~10000元	14	4	28.57	10	71.43
	10001元及以上	23	2	8.70	21	91.30
土地细碎化程度	集中连片	168	19	11.31	149	88.69
	相距较近	254	79	31.10	175	68.90
	相距较远	167	37	22.16	130	77.84
技术培训情况	没参加	425	123	28.94	302	71.06
	参加	164	12	7.32	152	92.68

注：农业节水技术的采纳程度=采用节水灌溉技术的面积/农业播种面积。比重为样本占本组别比重。

5.4.2 研究假设

本书结合国内外学者的研究经验与京津冀地区的实际情况，将影响农户采用节水技术进行农业生产的因素，分为农户个人禀赋、农户家庭禀赋、外部环境、生态和环境意识，这些因素同时影响农户的技术采纳决策和采纳密度。

（1）农户个人禀赋

①性别。被调查样本中女性平均年龄为44.7岁，大多是20世纪70年代出生的群体，这代人仍然会受到农村传统文化的影响，其受教育程度、视野的开阔程度、与外界信息的交流频率等方面均低于男性，这些情况都会影响女性对农业技术的理解和应用，对于新技术不容易掌握并且比较保守，会主动回避技术更换带来的风险。而且农村女性整体对外界信息接触得较少，对水资源的重要性欠缺明确的认识，在思想上不够重视。因此，女性对节水技术采纳的意愿较低，从调研样本统计数据的角度分析，女性群体中愿意采纳节水技术的比重低于男性愿意采纳的比重。同时，也假设在采纳的群体中，女性采纳的密度也低于男性。

②年龄。一般研究认为年龄越大的农户，技术惯性越强，对新技术的接受度越低（Rahman，2003），越年轻的农业生产者越偏好采用节水技术，并且越容易受到生态价值观和社会责任感的影响；也有学者研究发现，节水技术与农户年龄呈现"倒U"形关系，40～50岁年龄段的农户对节水技术的采纳比重最高（满明俊，2010），可能的原因是受到种植经验的影响，年轻的农户经验较少，对待新技术持乐观态度，而年龄大的农户受到技术惯性影响较大，对待新技术比较保守，40～50岁年龄段的农户受到种植经验和创新能力的双重影响，对新节水技术的接纳程度最高。本书综合前人的研究结论，预期年龄越大农户采用节水技术的意愿越低，但是在已采纳的人群中，年龄却成为优势，即已采纳人群中年龄越大采纳的比重越高。

③文化程度。农户受教育程度越高，对技术的理解能力和学习能力越高，同时生态责任感越强，越容易采纳节水技术，并且对技术的应用和掌握能力越强，实际使用效果也越好，也越能促进农户提高节水技术的采纳比重。预

期文化程度对节水技术采纳起到正向的作用，文化程度越高的农户越容易采用节水技术。已采纳节水技术的农户，文化程度越高，采纳比重越高。

④村干部。村干部是农民与党和政府之间的桥梁，代表农民的声音，也向农民传达党和政府的政策。因此，村干部往往是节水技术的推广者和最先采用者，会比普通农户更愿意采用节水技术，主动为农户示范带头，多位学者也证实了这一观点，认为村干部从绿色施肥、生态节水、优质品种采用等方面，均比普通农户更加积极和主动（满明俊，2010）。因此，预期越是村干部越会采纳节水技术，在已采纳的人群中，越是村干部，采纳的程度越高。

⑤培训情况。节水技术推广的主要方式之一是组织农户进行技术培训，参加过相关培训的农户，对于技术的必要性、使用方法、投入成本、可带来的收益、使用效果、经济价值和社会价值等方面均会有清晰的了解，进而促进技术的采纳，并且会提高采纳密度。因此，预期参加过培训的农户，更愿意采纳农业节水技术，已采纳节水技术的农户，参加过培训的人群，采纳的比重更高。节水技术培训能够降低农户获取技术信息的成本，提高农户对技术必要性的认知，加深农户对节水的理解。

（2）农户家庭禀赋

①家庭月均收入。节水技术的投入使用，是需要付出一定成本的，是需要农户具有一定的财力支持的，收入水平较高的农户，可以承担得起新技术的投入成本。另外，新技术的采用可能会给农作物的产量和品质带来良性影响，例如采纳节水技术有可能节约水电费，获取补贴，甚至提高农产品品质。虽然学习和使用新技术会花费时间和精力，但是对于低收入农户来说，这一点收入的提高可以弥补时间的支出。因此，家庭月均收入对节水技术采纳可能为正向影响，也可能为负向影响，已采纳人群的采纳程度同样如此。

②土地细碎化程度。土地细碎化程度指标用农户地块分散程度表示。受技术水平的限制，工程型的农业节水技术对于集中连片的土地操作起来更加方便，并且更节约设施成本和劳动力成本。对于相距较远，并且非常分散的土地，如果每个地块都进行工程设施节水，农业成本会大幅提高，田间管理操作困难程度加剧。因此，预期土地细碎化程度越是集中连片，越容易采用节水技术，已采纳节水技术的样本，越是集中连片采纳的程度越高。

（3）外部环境

①节水宣传。技术推广的另一主要方式是技术宣传，技术宣传越到位，宣传力度越大，宣传效果越好，越有利于农户树立生态节水意识，认识到水资源的重要性，提高农业水资源的利用效率，进而推动节水技术的采纳。农业是华北地区第一用水大户，其中灌溉用水占地区总用水量的60%以上，华北漏斗区产生的主要原因是以农业用水为主体的地下水过度开采（姜文来，2019）。本书用"农户是否看到过农业节水方面的宣传"来表示节水宣传程度，预期看到过的农户更愿意采用农业节水技术，在已采纳的农户中，看到过农业节水宣传的人群，技术使用的程度越高。

②水费情况。农业水价标准对于提高水资源利用率十分重要，政府层面也在不断探索水价形成机制，推进农业水价综合改革。简单理解，如果水价过低，那么农户会因为投入不高而对水资源不重视，造成水资源浪费；如果水价过高，要求农民被动节约用水，也许会提高水资源的利用效率，但同时会增加农产品成本，对农民的收入造成损害，不利于农业长久发展。因此水费情况对于节水技术采纳有影响，本书使用"当前农业生产用水是否收取费用"代表水费情况，预期收取费用的农户更愿意采用节水技术，不收取费用的农户，采用节水技术的行为较少；已采纳节水技术的农户，需要缴纳水费的农户对节水技术的采纳程度相对较高，不需要缴纳水费的农户对节水技术的采纳程度相对较低。

（4）生态环境意识

①缺水情况认知。对水资源的认知会影响对节水技术的采用，本书用"您认为所在的地区是否缺水"来代表当地缺水情况。从降水量的角度，华北平原地区，降水量不够充沛，年降水量为500~900毫米，河北省中南部衡水地区一带属于易旱地区，年降水量小于500毫米[①]；此外，华北平原属于人口密集地区，存在因经济发展与水资源承载力不平衡而产生的水生态矛盾，地

---

① https://baike.baidu.com/item/%E5%8D%8E%E5%8C%97%E5%B9%B3%E5%8E%9F/555727?fr=aladdin#2_4。

下水过度开采造成地表下沉，缺乏高效的水资源保护体系等问题。因此，预期如果农户对地区水资源稀缺程度有一定的认知，那么对于农业节水技术的采纳比较积极；已采纳农业节水技术的农户，对地区水资源稀缺程度具有一定认知的农户，技术采纳的程度比较高。

②生态环境意识。农业节水技术等可持续农业生产技术，相比传统的农业灌溉技术，可以大幅提高水资源的利用效率，降低对生态环境的破坏程度。具有生态环境意识的农户，社会责任感越强的农户，对于采用农业节水技术的长远利益理解得更加深刻。本书用"您认为采用农业节水技术对生态环境及农业长期发展的重要程度"表示农户生态环境意识，预期生态环境意识越高的农户，越愿意采纳节水技术；已采纳节水技术的农户，生态环境意识高的采纳程度更高。

③节水态度。态度决定行为，农户对开展农业节水工作的态度也会影响农业节水技术的采用。当地政府开展节水技术宣传和推广工作，会影响农户对节水工作的认知和态度，进而影响农户对节水技术的采用。对开展农业节水工作强烈反对的农户，对农业节水技术的采用可能性较小，并且假如采用了相关节水技术，采用程度较低；反之，对开展农业节水工作非常赞成的农户，对农业节水技术的采用可能性很大，且这部分群体采用了相关节水技术，技术使用面积比重较高。预期农户对开展农业节水工作的态度正向影响节水技术的采用。

5.4.3 变量定义及描述性统计

本书将农户决定是否采纳节水技术的决策作为第一个阶段的解释变量，将采纳程度，即"节水灌溉面积"占"实际播种面积"的比值，作为第二个阶段的解释变量，两个阶段分别表示技术采纳的行为和程度。由于本章第二部分根据王金霞（2013）等的研究，将农业节水技术分类统计，但是在本节中认为不论采用经验型、工程型等任何一种或者两种农业节水技术，都认为其采纳了农业节水技术，第一阶段的被解释变量为二元逻辑变量，取值"是或否"；第二阶段的被解释变量由"农户使用节水技术的种植面积"除以"农户家庭全部种植面积"得到，取值在 0 到 1 之间（不等于 0，可以等于 1），属于连续变量。

基于假设，如表 5.13 所示，列明解释变量的定义、对被解释变量的作用方向以及均值等统计指标。预期对第一阶段技术采纳行为有正向影响的指标有性别、文化程度、村干部、培训情况、节水宣传、水费情况、缺水情况认知、生态环境意识、节水态度，对第一阶段技术采纳行为有负向影响的指标有年龄、土地细碎化程度，不确定影响方向的指标有家庭月均收入。预期对第二阶段技术采纳程度有正向影响的指标有性别、年龄、文化程度、村干部、培训情况、节水宣传、水费情况、缺水情况认知、生态环境意识、节水态度，对第二阶段技术采纳程度有负向影响的指标有土地细碎化程度，不确定影响方向的指标有家庭月均收入。

表 5.13　农户节水技术采纳行为和程度变量定义、预期作用方向、描述性统计

变量名称	变量描述	预期	均值	标准差
技术采纳	您在农业生产中是否采用了农业节水技术？0 = 否；1 = 是		0.63	0.41
采纳程度	采纳面积比重：节水灌溉面积/实际播种面积		0.79	0.31
农户个人禀赋				
性别	1 = 女；2 = 男	++	1.63	0.48
年龄	被访问人年龄：岁	−+	46.61	10.38
文化程度	1 = 小学及以下；2 = 初中；3 = 高中或中专；4 = 大专及以上	++	2.41	0.86
村干部	是否为村干部？1 = 否；2 = 是	++	1.06	0.24
培训情况	是否参加过农业节水方面的培训？1 = 否；2 = 是	++	1.22	0.42
农户家庭禀赋				
家庭月均收入	1 = 2000 元及以下；2 = 2001 ~ 4000 元；3 = 4001 ~ 6000 元；4 = 6001 ~ 8000 元；5 = 8001 ~ 10000 元；6 = 10001 元及以上	++/−−	2.39	1.23
土地细碎化程度	您家地块分散程度：1 = 集中连片；2 = 相距较近；3 = 相距较远	−−	2.03	0.76
外部环境				
节水宣传	是否看到过农业节水方面的宣传？1 = 否；2 = 是	++	1.43	0.49
水费情况	当前农业生产用水是否收取费用？1 = 否；2 = 是	++	1.60	0.49
环境意识				
缺水情况认知	您认为所在的地区是否缺水？1 = 不缺水；2 = 一般缺水；3 = 严重缺水	++	1.98	0.80

变量名称	变量描述	预期	均值	标准差
生态环境意识	您认为采用农业节水技术对生态环境及农业长期发展的重要程度？1＝很不重要；2＝较不重要；3＝一般；4＝比较重要；5＝很重要	++	4.28	0.84
节水态度	您对开展农业节水工作的态度？1＝强烈反对；2＝比较反对；3＝中立；4＝比较赞成；5＝非常赞成	++	4.25	0.78

5.4.4 模型设定

Tobit 回归模型是研究行为密度中较多应用的模型，但是其缺点是把行为决策和程度决策看成一个决策过程来进行分析（储成兵，2013），基于此，因变量的取值就都是由相同的参数向量决定的。但是实际情况中行为决策是先发生的动作，而行为程度是后发生的动作，二者不是同时进行的，应该由不同的参数来反映。

将农户对节水技术采纳的过程分为两个阶段：第一阶段是对农户是否决定采纳节水技术进行模型参数估计，是对节水技术的决策选择阶段。第二阶段是对采纳节水技术的农户的技术采纳程度进行分析，用"节水灌溉面积"占"实际播种面积"的比值来表示采纳程度，是数量选择阶段。第一个阶段的模型比较好理解，被解释变量属于二元类型。在第二阶段模型中，对于已采纳节水技术的农户，他们节水技术的采用程度数据及相应的解释变量数据是完整的，但是对于没有采用节水技术的农户，被解释变量数据在零处截尾，即属于受限被解释变量数据，由于这两个行为不是一个过程，所以不能采用Tobit 模型，应采用更适合的 Double-Hurdle 模型。即在分析农户节水技术采纳行为时，将"是否采纳技术"和"采纳技术的程度"分为两个阶段，实际上就是一个 Probit（或 Logit）模型和一个截断模型（Truncated 模型）的组合。具体如下：

$$\begin{cases} Z_i^* = \alpha X_{1i} + \mu_i & \mu_i \sim N(0, 1) \\ Y_i^* = \beta X_{2i} + v_i & v_i \sim N(0, \sigma^2) \\ Z_i = 1, \quad Z_i^* > 0 \\ Z_i = 0, \quad Z_i^* \leqslant 0 \quad i = 1, 2, 3, \cdots, n \end{cases}$$

$$\begin{cases} Y_i = Y_i^*, & \text{如果} Z_i^* > 0, \text{且} Z_i = 1 \\ Y_i = 0, & \text{如果} Z_i^* \leq 0, \text{且} Z_i = 0 \end{cases}$$

其中，X_{1i} 与 X_{2i} 为解释变量；$i = 1, 2, 3, \cdots, n$，n 为变量个数；α 与 β 为方程系数；μ_i 与 v_i 为残差项，服从 $\mu_i \sim N(0, 1)$ 与 $v_i \sim N(0, \sigma^2)$ 的分布。Z_i^* 是华北农户节水技术采用行为的潜在指示变量，一般是不能被直接观测的。当 $Z_i^* > 0$ 时，$Z_i = 1$，代表了这个样本采用了节水技术；当 $Z_i^* \leq 0$ 时，$Z_i = 0$，代表了这个样本没有采用节水技术。Y_i^* 为采用节水技术的程度的潜在指示变量，当 $Z_i^* > 0$，且 $Z_i = 1$ 时，则 $Y_i = Y_i^*$，代表了这个农户采用节水技术的程度，本书中用节水技术的种植面积占总种植面积的比重来表示，属于可观测的连续变量；当 $Z_i^* \leq 0$，且 $Z_i = 0$ 时，$Y_i = 0$，因为这个样本没有采用节水技术，那么也不存在节水技术的采用程度。

5.4.5　模型估计结果分析

控制区域后，Double-Hurdle 模型估计结果如表 5.14 所示。模型通过显著性检验，结果发现对第一阶段技术采纳行为有正向影响的指标有性别、文化程度、村干部、培训情况、土地细碎化程度、节水宣传、水费情况、缺水情况认知、生态环境；对第一阶段技术采纳行为有负向影响的指标有年龄、家庭月均收入、节水态度。对第二阶段技术采纳程度有正向影响的指标有性别、年龄、文化程度、村干部、培训情况、节水宣传、水费情况、缺水情况认知、生态环境意识；对第二阶段技术采纳程度有负向影响的指标有家庭月均收入、土地细碎化程度、节水态度。其中，第一阶段土地细碎化程度指标方向与预期不符。

表 5.14　Double-Hurdle 模型估计结果

变量名称	决策模型		程度模型		边际效应
	系数	Z 值	系数	Z 值	
农户个人禀赋					
性别	0.3382*	1.70	0.0074	0.31	0.0439
年龄	-0.0141	-1.31	0.0020*	1.52	-0.0018
文化程度	0.3551***	2.75	0.0379**	2.25	0.0461

变量名称	决策模型		程度模型		边际效应
	系数	Z值	系数	Z值	
村干部	0.4990	0.98	0.1232***	2.74	0.0648
培训情况	1.1540***	3.43	0.0046	0.13	0.1499
农户家庭禀赋					
家庭月均收入	−0.0098	−0.13	−0.0016	−0.17	−0.0013
土地细碎化程度	0.2834**	2.10	−0.0313*	−1.95	0.0368
外部环境					
节水宣传	0.8417***	3.62	0.1306***	4.48	0.1093
水费情况	0.0172	0.07	0.1152***	4.41	0.0022
生态环境意识					
缺水情况认知	0.3811***	3.23	0.0606***	4.12	0.0495
生态环境意识	0.1068	0.74	0.0259*	1.48	0.0139
节水态度	−0.2391	−1.61	−0.0023	−0.12	−0.0311
虚拟变量					
天津	3.6154***	5.97	−0.1837***	−5.03	0.2413
河北	−1.3245***	−4.69	0.0234	0.59	−0.2660
	1.6060	0.22	0.4753	0.00	—
总样本	831				
LR chi2（16）	341.74				
Prob>chi2	0.000				
Pseudo R2	0.343				

注：*、**、***分别表示在10%、5%、1%的水平上显著。

（1）农户个人禀赋

农户性别变量模型结果与预期一致。第一阶段决策模型，性别变量通过了10%的显著性检验，系数为0.3382，说明性别是影响节水技术决策的主要因素，男性比女性更愿意采纳农业节水技术；第二阶段程度模型中，系数为正，说明男性在已采纳人群中，采纳程度高于女性，但是未通过显著性检验，说明性别变量不是影响节水技术程度的主要因素。性别对节水技术的选择具有一定的影响，但不是影响技术程度的主要因素。

农户年龄变量模型结果与预期一致。第一阶段决策模型中，影响为负，说明年龄越小，越容易采用节水技术，但是决策模型未通过显著性检验，说明年龄变量不是影响节水技术决策的主要因素。第二阶段程度模型中，系数为正，说明受种植经验的影响，年龄越大的农户对于已经认可的技术，采用程度较高，且通过了10%的显著性检验，说明年龄是影响节水技术程度的主要因素。年龄对节水技术采用程度具有一定的影响，但不是影响技术决策的主要因素。

农户文化程度变量的模型结果影响方向与预期一致，预期中文化程度越高越容易采用节水技术并且采用的程度越高，分别通过了1%、5%的显著性检验，说明文化程度对其是主要影响变量。第一阶段决策模型中，文化程度越高，决定采用节水技术的概率越高。第二阶段程度模型中，文化程度越高，采用节水技术的程度越高。文化程度对节水技术决策和技术采用程度都具有较大的影响，提高农户受教育程度，是提高农业节水技术推广效率的有效做法。

户主是否为村干部变量的模型结果影响方向与预期一致。第一阶段决策模型中，曾经当过或现在担任村干部，对节水技术采纳具有正向作用，但是决策模型未通过显著性检验，说明村干部变量不是影响节水技术决策的主要因素。第二阶段程度模型中，在1%的水平上通过显著性检验，说明村干部变量是影响节水技术程度的主要因素。是否为村干部对节水技术采用程度具有一定的影响，但不是影响技术决策的主要因素。

农户参加节水培训情况变量的模型结果影响方向与预期一致。参加过培训的农户均对节水技术的采纳决策和采纳程度具有正向影响，并且对于决策模型，在1%的水平上通过显著性检验，说明参加培训是影响节水技术决策的主要因素，参加过农业节水培训的农户更倾向于采纳农业节水技术。在程度模型中，未通过显著性检验，说明参加培训不是影响节水技术程度的主要因素。农户参加节水培训情况对节水技术的选择具有一定的影响，但不是影响技术程度的主要因素。

（2）农户家庭禀赋

农户家庭月均收入变量对节水技术的采纳决策和采纳程度具有负向影响，可以认为节水技术的采用可能会给农作物的产量和品质带来良性影响，例如节约水电费，甚至获取补贴、提高农产品品质。对于低收入农户来说，使用技术获取的收入，可以弥补学习技术花费的时间和精力。但是对于决策模型和程度模型来说，均未通过显著性检验，说明农户家庭月均收入对节水技术决策和技术采用程度来说，都不是主要的影响因素。

土地细碎化程度变量均通过显著性检验，说明它是影响节水技术决策和技术采用程度的主要因素。对于决策模型，结果方向与预期不一致，分散的土地反而更多地采用了节水技术，可能的原因是受到政府政策的影响，而程度模型与预期方向一致，即在政府的要求下采用节水技术。但是采用程度方面，土地越集中，采用的程度越高。

（3）外部环境

节水宣传变量与预期一致，第一阶段决策模型中，影响为正，说明接受过农业节水技术宣传的农户，越愿意采用节水技术，并且决策模型在1%的水平上通过显著性检验，说明节水宣传变量是影响节水技术决策的主要因素。第二阶段程度模型中，系数为正，说明接受过农业节水技术宣传的农户，采用节水技术的程度越高，程度模型在1%的水平上通过显著性检验，说明节水宣传变量是影响节水技术程度的主要因素。

水费情况变量与预期一致，第一阶段决策模型中，影响为正，说明收取水费的地区，农户越倾向采用节水技术，但是决策模型未通过显著性检验，说明水费情况变量不是影响节水技术决策的主要因素。第二阶段程度模型中，系数为正，说明收取水费的地区，农户采用节水技术的程度越高，且程度模型在1%的水平上通过显著性检验，说明水费情况变量是影响节水技术程度的主要因素。

（4）生态环境意识

缺水情况认知变量对农业节水技术的采纳决策和采纳程度具有正向影响，决策模型和程度模型均在1%的水平上通过显著性检验，即认为本地区缺水情况越严重的农户越愿意采纳农业节水技术。华北农户对地区水资源稀缺程度具有一定的认知，对于农业节水技术的采纳比较积极；已采纳农业节水技术的农户，对地区水资源稀缺程度具有一定的认知的农户，技术采纳的程度比较高。

生态环境意识变量对农业节水技术的采纳决策和采纳程度具有正向影响，与预期一致。第一阶段决策模型中，农户对生态环境严峻程度的认知越高，越愿意采用节水技术，但是决策模型未通过显著性检验，说明生态环境意识变量不是影响节水技术决策的主要因素。第二阶段程度模型中，系数为正，说明农户对生态环境严峻程度的认知越高，采用节水技术的程度越高，且程度模型在10%的水平上通过显著性检验，说明生态环境变量是影响节水技术程度的主要因素。

节水态度变量对节水技术的采纳决策和采纳程度具有负向影响，这与预期方向不符。农户对开展农业节水工作的态度是赞成的，反而没有采纳节水技术，且采纳的程度不高，主要的原因可能是受到技术投入成本的限制。但是对于决策模型和程度模型，均未通过显著性检验，说明农户节水态度变量对节水技术决策和技术采用程度来说，都不是主要的影响因素。

5.5 本章小结

本章构建农业节水技术的"认知→选择意愿→采纳决策→采用程度"的农户节水技术采纳行为分析框架，对农户对农业节水技术应用的整个过程及每个阶段进行深入分析。本部分基于京津冀地区农户生产经营与节水技术应用情况的调研数据，按照农户节水技术采纳行为分析框架，对京津冀地区农户技术认知、技术采纳意愿、采纳决策、采纳程度进行分析，得出如下结论：

5.5.1 农户个人多采用传统型和经验型节水技术，集体多采用工程型农业节水技术

使用传统型农业节水技术的农户占样本比重最高，为样本总量的79.66%；经验型节水技术固定成本较低、可分性较强，普通农户个体比较容易投入和采用，相比传统型节水技术效率更高；工程型农业节水技术对固定

成本的投资要求高，并且可分性弱，单个农户难以采用，多为社区、村集体或部分农户自发组织的群体进行采用，个人难以承担庞大的投入成本。工程型农业节水技术对水资源的利用效率最高，是水资源友好的农业技术。

农户口口相传的信息传播方式仍是京津冀地区传统型、经验型节水技术信息传播的主要途径；京津冀地区的村集体、政府部门在宣传、推广工程型节水技术方面发挥了非常重要的作用。对于传统型节水技术农户，自筹、村集体获取资金的方式占到所有农户的60%；对于工程型节水技术农户，由政府部门提供的资金所占比重明显增大，是重要的资金来源渠道。

5.5.2 政策宣传是影响农业节水技术采纳意愿的重要因素

基于结构方程模型，分析农户节水技术采纳意愿的影响因素，发现政策宣传是影响农业节水技术采纳意愿的重要因素，农户个人禀赋和家庭禀赋对农业节水技术也有一定的影响。良好的政策环境有利于调动农户决策者农业节水技术采纳的积极性，高效的技术宣传方式有利于加深农户对节水技术的理解程度，促进农业节水技术在华北地区大面积推广。政治背景对农业节水技术采纳意愿具有显著影响，村干部是国家政策的基层传递者，是普通农户与政府的桥梁，他们最先接触到农业政策，了解社会和生态发展情况，对农业节水技术推广的必要性有深刻的理解，所以曾经担任过村干部的农户，农业节水技术的采纳意愿更强。

5.5.3 文化程度、土地细碎化程度、节水宣传力度、水资源稀缺性认知对节水技术采纳决定和采用程度影响显著

基于 Double-Hurdle 模型，分析不同禀赋农户节水技术采纳决定和采用程度情况，并进一步分析影响农户节水技术采纳决定和采用程度的因素。文化程度、土地细碎化程度、节水宣传力度、缺水情况认知显著影响农户节水技术采纳决定和采用程度。节水培训参与情况仅对节水技术决策模型具有显著影响；年龄、政治背景、农业用水收费情况、生态环境认知变量仅对节水技术程度模型有显著影响。提高农户文化水平，降低土地细碎化程度、增加土地集中连片性，加大农业节水技术宣传力度，提高华北地区农户对农业水资源稀缺性的认知，有利于促进农户采纳农业节水技术和提高节水技术采纳程度。

6 京津冀地区农户农业节水政策接受意愿研究

面对水资源短缺问题，20 世纪 50 年代，我国坚持采用"以需定供"策略，即通过兴修水利增加供水量，这在当时水利设施缺乏的情况下是较为有效的办法。但是随着经济发展，水资源需求量越来越大，受社会、政治等因素制约，其边际开发成本也快速上升，水资源"以需定供"的传统供给管理策略逐渐被调整为"以供定需"的需求管理策略。在这样的改革思路下，政府部门希望运用有效的水管理政策调整水需求以应对水资源短缺问题，从而促进水资源的可持续利用。可以说，当前解决水资源短缺的根本出路在于从供给管理转变到需求管理。

农户作为农业政策实施和农业生产经营的基本单元，是农业节水的微观实践者，其对农业节水的积极性和意愿在很大程度上影响着农村水资源的管理和保护。尤其是在当前市场经济系统下，受比较利益驱动，农户的生产决策行为会受到农户自身因素和外部环境条件的共同影响。因此，需要摸清农业节水政策对农户用水行为产生了怎样的影响，研究农户对不同节水政策的意愿和行为选择，以期正确引导农户自觉地进行农业节水。

6.1 国外农业节水支持政策经验

联合国粮农组织数据显示，过去 20 年间，全球人均淡水资源占有量下降了 20%以上，全球水资源紧缺形势严峻。目前，全球共有耕地 14.8 亿 hm^2，农业灌溉用水占全世界总用水量的 70%，提高农业用水效率至关重要。随着水资源供需矛盾的日趋加剧，世界多数国家都在积极探索解决水资源短缺的有效途径，在政策方面给予节水农业大量的支持，以解决缺水与农业生产之间的矛盾，实现水资源可持续利用。

6.1.1 明确农业水权，完善水权交易制度

通过明确水权，利用市场机制优化配置水资源，使水资源的农业利用与市场机制紧密结合，既有利于成功地实现公平有效的配水，限制农民无节制用水，同时又可激发农民的节水积极性，促进农业节水技术的发展和提高。

美国是较早实行水权的国家，水资源分配是通过州政府管理的水权系统实现的。水权是由法律明确规定的水资源的使用权和处置权，是一种财产权利，可以继承，可以有偿出售转让，有的地方还可以存入"水银行"，充分体现水资源的经济价值。日本明确规定历史上沿袭下来的农业稻田灌溉用水属"惯例水权"，占有优先，禁止水权交易，但随着经济社会发展，各方面用水需求增加，征税矛盾突出，法律规定在高效利用、节约保护水资源的同时，可通过拥有水权的用户相互协商，对用水进行控制和调整用水量。澳大利亚早在1886年就设立了《灌溉法》，该法沿袭了英国和法国河岸权思想对农业用水进行管理。经过多年探索，目前澳大利亚已具有完善的水资源管理、水权登记、水权交易制度和成熟的水权市场，水权交易已经成为日常商业活动的一部分。与美国类似，澳大利亚作为联邦制国家，除了联邦层面的基本水法外，各州都有自己的水法及与之相关的配套法规，不同州之间会因水资源禀赋、环境条件的不同而采用不尽相同的水资源配置和水权管理制度。

6.1.2 政府大力扶持与农户参与相结合

无论是发达国家，还是发展中国家，政府对农业节水都有大力扶持的政策，如政府的公益性投资、提供无息或低息贷款，采取多项政策鼓励农户参与节水工程建设投入。

澳大利亚灌溉斗渠以上的工程都是政府投资兴建，政府补贴渠系输水工程运行维护费用的30%，农场主若申请修建农场内部的节水设施，可获得低于商业利率7个百分点的优惠贷款。日本中央政府负责修建干渠以上部分，用水协会负责毛渠的修建，灌溉面积500hm^{2}以上的干渠，由国家兴办，中央承担2/3以上的费用，地方政府承担30%左右，社区和受益农户承担余下的

5%左右，如果无力支付，通常先由政府垫付，待工程完工受益后再逐步偿还。以色列国家供水工程投资全部由国家负担，对供水系统的运行维护费用，用水者负担70%，政府负担30%，国家负责建设和管理骨干水源和供水管网，农场内部节水灌溉设施的建设全部由农场主自己负责，经费有困难时，可以向政府申请不超过总投资30%的补助，银行还可提供长期低息贷款，由政府给予担保。美国在工程计划方面优先安排灌溉工程项目，并给予农民兴建水利工程长期低息或无息贷款，农民在还清全部贷款后，其产权归农民所有，建立起良好的经济运行机制；另外，联邦政府通常向农民赠款以用于工程建设，赠款额一般为工程总投资的20%，而且水利工程免交任何税负，政府根据需要还会发行建设债券或从某些受益行业中提取建设基金等，以支持灌溉工程建设。

6.1.3 重视并制定合理的农业水价体系

在全世界范围内，农业比较价值较低，农业灌溉用水价格都低于应有的水资源价格，远远低于生活、城市和工业用水。为了鼓励农业节水，各国都重视水价政策的制定，利用经济杠杆促进节水农业发展。

以色列对不同用水户制定明确的用水配额，所交水费按照实际用水占法定配额的比例征收，实行阶梯水价，实际用水低于法定配额50%按正常水价0.1美元/m³征收，其余的50%将提高水价收费，约为0.14美元/m³，对于超过配额20%及以下部分的收取0.26美元/m³，超过配额20%以上部分的收取0.5美元/m³，这样既能保证农业用水基本需求，又鼓励农民采用节水灌溉技术。美国采用不同级别的水价政策，包括联邦供水工程水价、州政府工程水价以及供水机构的水价等，各类用水实行不同的水价，水价制定总原则是供水单位不以营利为目的，但要保证偿还供水部分的工程投资和承担供水部分的工程维护管理、更新改造所需开支。美国所采用的水价随水资源条件不同而在各地有较大差异，但近年来都逐渐采用累进水价等有利于节水的水价结构。另外，农民使用处理后的废水进行喷灌、灌溉牧草等，水价只有正常地表水供水价格的1/3左右。澳大利亚的供水分为政府控股、政府参股经营和政府转让管理权完全私营3种。不管哪种模式，对于各用水户都按全成本核算水价，灌溉水价主要根据用户的用水量、作物种类及水质等因素确定，一般实行基本费用加计量费用的两费制，要求实现农业用水的水价完全包含成本。

6.1.4 建立健全农业节水科研推广机制

高水平的节水农业科研组织和完善的推广服务体系相结合是节水农业得以快速发展的有力保障。

以色列建立了一套政府部门、科研院校和农民合作组织紧密结合的农业研究和推广体系，科技课题直接来自生产实际，并由生产部门提供科研经费及试验基地，由农业部下属的农业研究组织承担研究任务，成果通过农业推广技术服务站以培训班、示范点等方式推广，所创利润由生产部门和科研部门双方分成，这种以生产引导科研，科研与生产相结合的农业科研推广体系取得了显著效果。西班牙建有较为完善的节水灌溉技术及材料的研究、开发、生产、培训、销售和服务体系，不断研究和开发各种先进的节水灌溉技术和设备，不仅极大地促进了节水灌溉的发展，而且其节水技术和设备等也进入国际市场，成为一个具有竞争优势的产业。美国在农业节水方面是教学、研究、延伸服务一体化，农业部自然资源保护局在全美各地有 10 多个从事农田灌溉试验的研究中心，这些研究中心通过观测试验来改进各种灌溉技术、灌溉方法，提供各种信息和技术服务，并无偿对周围农民进行培训。同时，为了管好用好先进的灌溉技术与设备，各地还有农业灌溉技术咨询公司及专家为农民进行技术服务。美国的灌溉用水推广机构多为股份制公司，实行企业化运作管理，同时辅以少数政府的事业型单位，股份公司的董事会具有最高决策权，负责水管理中重大事项的决策和协调，各大灌区的管理代表由用水户选举产生，公司的管理层领导除了要对股东负责，更要对广大用水户负责。

6.2 我国农业节水的主要政策工具

随着节水型社会的建设规划，国家相应出台了一系列节水政策。节水政策工具作为政府选择、确定水资源管理和公共政策方案，实现节水型社会公共政策预期目标的有效途径和手段，是节水经济政策目标与节水经济政策结果之间的桥梁与纽带。2012 年 12 月，国办发〔2012〕55 号文件印发执行《国家农业节水纲要（2012—2020 年）》，该文件是农业节水的首个国家纲要，意味着我国在农业节水方面有了顶层设计，将在保障国家粮食安全、促进现代农业发展、建设节水型社会等方面发挥重要作用。在该项制度框架下，我国农业用水管理政策主要包括定额管理、水价政策（包括计量水价和按亩收费）、水权机制等。根据国家在治理农业用水措施上的研究及实践，可以将农业节水政策工具分为 3 类，分别是命令控制型措施、经济激励措施及自愿参与措施。

6.2.1 命令控制型措施

命令控制型措施主要是指国家通过法律手段或采取行政命令、标准、规定等行政管理手段来影响生产者的环境行为。它要求或规定生产者按指定的方式进行生产经营，不遵守法规或标准的人会受到处罚，是一种非自愿参与、强制性的政策工具。命令控制型措施的主要优点在于政策效果的确定性，而且见效速度快。如果法律法规和行政指标等能够得到切实实施，这种措施很有可能是改善环境质量最有效率的政策工具。正是由于这一优点，命令控制型工具在政策选择中至今仍然占有统治地位，市场化工具的应用很少且通常只是作为直接管制方法的补充。

命令控制型措施也有不足：首先，它对所有的生产者采取统一的标准，生产者不能根据他们的成本核算自由决定参与程度，可能是所有政策工具中最缺乏弹性的；其次，命令控制型措施的实施需要有效的监管和执法措施，直接成本和间接成本高；最后，如果执法不严、违法不究或处罚标准太低，一个潜在的违法者可能会对受罚的风险和守法的费用进行成本效益比较，结果往往会做出不利于环境保护的选择。

定额管理政策是通过政府强制力对可用水量的总额进行控制来实现预期合理的调配，属于调节用水量的非市场手段，属于命令控制型措施。早在 2002 年，中国各地陆续颁布了农业用水定额标准。随着 2007 年中国推行农业水价综合改革，中央政府进一步提出各地区要因地制宜地建立农业用水总量控制和定额管理制度。2011 年，我国确立水量控制、用水效率控制和污染控制"三条红线"的管理政策后，定额管理政策得到了国家的大力推行和实施。

6.2.2 经济激励措施

经济激励工具又称为市场化工具，主要是通过经济激励或创建市场，来改变行为人的成本利益结构，从而改变行为人的选择，以解决外部性问题。

经济激励工具相比命令控制型措施具有以下三大优点：第一，经济激励工具比较灵活，易于管理，成本较低；第二，经济激励工具提供多种选择，人们可以根据成本效益分析做出最符合自身利益的选择；第三，经济激励工具刺激创新，鼓励开发最低成本的技术。但是经济激励工具在设计时对信息的要求很高，执行起来需要较高的监测费用，对市场化程度的要求也比较高。

水权交易和水价政策是近年来较为普遍的经济激励措施。水权交易由于涉及产权的初始分配，实施起来难度较高。水价政策则通过充分合理利用价格杠杆，建立科学合理的有偿分配方式。其中，计量水价和按亩收费在中国都有一些实施先例。从原理上说，计量水价指的是按照实际用水量对灌溉用水进行计费，而按亩收费是指按照灌溉面积收费。原则上这两种收费方式都属于水价政策内容，试图利用市场手段来调节用水量。

另外，补贴是政府对生产者的环保行为进行补偿或奖励，补偿手段和税费手段是相辅相成的。对于农业节水而言，补贴主要是指对能产生正外部性或减少负外部性的行为进行资助或奖励。对减少负外部性行为进行补贴主要是指政府为了减少农业用水量，以补贴的方式资助生产者安装节水设备、改进生产工艺和节水技术。

6.2.3 自愿参与措施

由于农户生产行为难以监督的特性使得命令控制型措施和经济激励措施在设计和执行时存在种种难以逾越的障碍，从 20 世纪 90 年代以来出现了大量以教育和技术援助为主，公民自愿合作参与的环境政策工具。自愿参与措施指的是一类能够引导农户自愿采取环境友好型生产实践或自愿参与环境改善项目的政策工具，一般通过公众参与环境管理制度的制定、教育与技术推广、研究开发新技术等来实施。教育与技术推广主要指通过不断宣传和教育，提高公民素质，增强环保意识；通过不断培训，向生产者提供有关新技术的信息，以推动生产者采用对环境更友好的生产工具。研究与开发的目的在于通过发展一系列"绿色农业""可持续发展农业"等替代性生产活动，来减少农业用水。

自愿参与措施相比其他政策工具具有如下优点：第一，自愿参与的执行成本比较低；第二，自愿参与措施一般通过教育和技术推广进行，能够帮助农民克服一些技术性限制，往往能达到双赢的效果；第三，公众自愿参与可以促使政府与用水者履行其职责，兼顾各方利益，相互监督，有利于防止生产者和政府只追求短期经济利益的行为。但是自愿参与措施单独运用的效果并不好，往往需要配合其他政策共同实施。

6.3 京津冀农户对不同农业节水政策的偏好分析

6.3.1 确定政策选择集

由于京津冀三地采取的节水措施不同，因此难以统一细化。考虑到实际调研情况，命令控制型措施也以政府实施定额用水为代表，经济激励措施则以农业水价和节水设施补贴为代表，自愿参与措施仍以政府技术推广为代表。在状态水平方面，农业水价设置 3 个状态水平，分别为"按计量水价收费""按亩收费"和"不收费"，节水设施补贴设置为两个状态水平，分别为"安装节水设施"和"不提供节水设施"。其他环境政策状态水平与京郊调研一致。

在节水目标设置方面，河北省提出到 2020 年，农业用水控制在 130 亿 m³ 以内，农田灌溉水有效利用系数达到 0.675 以上。天津市提出到 2020 年，全市有效灌溉面积基本实现节水化，喷微灌面积达到有效灌溉面积的 30% 以上，灌溉水利用系数达到 0.8。结合北京的节水目标，将节水标准设置 3 个状态水平："状态水平 1"为用水量不变；"状态水平 2"为减少 10% 的用水量；"状态水平 3"为减少 15% 的用水量。

综上，共有 4 项政策和 1 项节水目标，每种政策具有不同的状态水平，根据部分要素设计方法，并剔除重复发生的和现实不可能存在的组合后，选出了 12 种独立无关的、由不同政策状态水平组合而成的备选方案。将备选方案和现状方案进行组合，一共产生 4 个选择集，每个选择集包括 3 个方案，即 3 个备选方案和 1 个现状方案，选择集示例见表 6.1。

表 6.1 京津冀调研选择实验卡示例

属性	方案 1（基准）	方案 2	方案 3	方案 4
培训和技术指导	完全凭经验	全程技术指导	完全凭经验	完全凭经验
用水管理	不限制用水量	不限制用水量	限制用水量	不限制用水量
节水设施管理	不提供节水设施	不提供节水设施	不提供节水设施	安装节水设施
农业水价	不收取水费	按照计量水价收费	不收取水费	不收取水费
农业用水量变化	不变	减少 10%	不变	减少 15%
我选择	（　）	（　）	（　）	（　）

6.3.2 模型设定

为了提高模型拟合效果，更好地解释农户的决策行为，在式（4-13）中引入农户特征变量与 ASC 的交互项，具体表示为：

$$U_{nm} = ASC + \sum_i \beta_i X_{mi} + \sum_j \beta_j I_n + \sum_k \beta_k F_n + \varepsilon_{ij} \qquad (6-1)$$

式（6-1）中：I_n 为农户个体特征变量；F_n 为农户节水态度；β_j、β_k 分别为农户个体特征、节水态度的估计系数。

在农户偏好异质性普遍存在的现实情况下，随机参数 Logit 模型（RPL）更加适用。RPL 模型认为解释变量的系数是服从一定分布的随机变量，消费者的偏好是异质的，即不同农户对农业节水政策属性及其水平有着不同偏好。与传统 Logit 模型相比，RPL 模型结果更优。因此，本书运用 RPL 模型分析农户农业节水政策方案的选择及其影响因素。

6.3.3 计量结果与讨论

（1）RPL 模型估计结果及分析

运用 Nlogit5.0 软件对随机参数 Logit 模型（RPL 模型）的两种形式进行估计。在随机参数 Logit 模型中，首先，将农业用水量变化作为固定参数变量，其他属性则为随机参数变量；其次，依据随机参数变量的标准差系数的显著性，依次将不显著的属性变量重新作为固定参数变量进行回归；最后，确定随机参数变量为节水设施管理，其余为固定参数变量。模型 1 为随机参数 Logit 模型基础形式，仅包含选择集中各方案的属性变量；模型 2 在模型 1 的基础上，引入了 ASC 与所选取的代表农户特征变量及节水意识变量的交互项。从表 6.2 中可以看出，两个模型都通过了显著性检验，卡方检验结果均在 1%的水平上显著，整体拟合优度较好。

表 6.2　RPL 模型估计结果

变量	模型 1		模型 2	
	系数	标准误	系数	标准误
ASC	0.2152	0.2122	−0.9237	0.6884
一般技术培训	0.5210***	0.1374	0.4292***	0.1360
全程技术指导	0.8190***	0.1299	0.7455***	0.1330
限制用水量	−0.2916*	0.1488	−0.2634*	0.1506
安装节水设施	0.4922***	0.0792	0.4897***	0.0781
按亩收费	−0.2100	0.1986	−0.2434	0.2013
按照计量水价收费	−0.6019***	0.1522	−0.5283***	0.1460
农业用水量变化	−3.0069***	0.4168	−2.9168***	0.4050
ASC×性别			−0.3823***	0.1289
ASC×年龄			−0.0121*	0.0068
ASC×受教育程度			−0.1424*	0.0808
ASC×是否村干部			−0.2365**	0.1204
ASC×月均纯收入			−0.0092	0.0509
ASC×农业收入占比			0.2174***	0.0585
ASC×家庭人口			−0.1452**	0.0569
ASC×主要劳动力数量			0.1964**	0.0870
ASC×耕地面积			0.0023	0.0024
ASC×地块分散程度			−0.0532	0.0814
ASC×节水技术培训			0.7934***	0.1868
ASC×节水宣传			−0.1488	0.1494

变量	模型1		模型2	
	系数	标准误	系数	标准误
ASC×是否缺水			0.0100	0.0925
ASC×节水态度			0.1387	0.1016
ASC×是否愿意采用节水技术			0.7218***	0.2007
ASC×持续采用程度			0.0965	0.0945
ASC×节水重要程度			−0.0469	0.0939
对数似然值	−4220.4404		−4067.1585	
卡方值的显著性概率	0.0000		0.0000	
伪决定系数	0.0498		0.0843	
观测值	12816		12816	

注：*、**、***分别表示在10%、5%和1%的水平上显著。

①ASC的影响。模型2中ASC系数为负，说明农户选择"改变"选项的可能性更大，农户在农业节水政策属性组合下愿意改变现有的农业用水方式，提高农业用水效率。由于农村劳动力减少，农业劳动力成本不断增长，发展高效节水技术不仅减少了水费投入，而且通过合理用水，如近年推广应用的水肥一体化甚至水肥药一体化技术，不仅节水、节肥、节药、节地、节劳，促进了规模化经营，减少了农业面源污染，而且提高了产量和品质，具有很好的发展前景。

②政策属性变量的影响。从农业节水政策的属性上来看，模型1和模型2的估计结果作用方向一致，显著性水平基本相同。具体而言，除了"按亩收费"这一政策属性外，其他政策属性变量均显著，这说明"按亩收取水费"这项政策对农户减少农业用水量没有影响。原因可能是调研中农户指出，种植的作物不同，需水量存在较大差异，单纯按照面积收取水费不太合理。在影响方向方面，"限制用水量"和"按照计量水价收费"两项政策属性的系数为负，其他政策属性变量系数为正，这表明农户获得一般技术培训和全面技术支持、安装节水设施等这类"正向激励措施"能够显著提高农户的节水积极性，而通过强制限制、收取水费等"负面约束措施"则不利于调动农户参与节水活动的热情。这与调研现实一致，由于管理较为混乱，农户对定额

用水量的确定及收取农业水费大多存在抵触心理。

③农户社会经济特征和 ASC 交互项的影响。不同年龄、文化水平、劳动力状况的农户在进行灌溉决策时的心理意愿有较大差异,从而形成不同的用水动机、节水意识和管理意识,而这些心理差异将导致不同农户形成特定的用水行为。

ASC 与农户的性别、年龄、受教育程度、是否村干部、农业收入占比、家庭人口、主要劳动力数量、节水技术培训和节水意愿的交互项均显著。其中,ASC 和性别、年龄、受教育程度、是否村干部的交互项作用方向为负,说明与男性相比,女性节水意愿更弱,男性大多是家庭种地的主要负责人,他们对节水技术的了解和认识较女性更深入,也更愿意接受节水技术。农户年龄越大,从事农业生产的年限越长,经验越丰富,如果改变农业生产行为能带来更高的效用水平,其选择农业节水的可能性越大。文化素质较高的农户接受新知识、新信息的能力强,能够接受并快速掌握节水技术。村干部一般在村里起带头作用,政策号召性较强,更愿意采取节水技术。ASC 与家庭人口交互项为负,与主要劳动力数量交互项为正,说明家庭人口多,而劳动力少的农户更倾向于农业节水,主要是由于选择节水技术可以节省大量的人力和时间,ASC 与农业收入占比交互项为正也验证了这一点,非农收入比重越大,农户越倾向于选择节水技术,有更多精力从事非农业,非农收入也在一定程度上决定农户有经济基础选择节水技术。

④农户节水态度和 ASC 的交互项的影响。是否参加农业节水技术培训和是否愿意采用节水技术是影响农户节水意愿的主要因素,说明参加过农业节水技术培训的农户更愿意采用农业节水技术。

(2)稳健性检验

不同区域在经济发展水平、农业节水政策实施情况等方面存在差异,因此不同区域农户对农业节水政策的偏好会不一致。为进一步检验上述随机参数 Logit 模型估计结果的稳健性,利用不同区域组别的样本进行分组回归分析,回归结果见表 6.3 中模型 3 至模型 5。结果表明,河北省、北京市、天津市的样本农户在节水政策属性变量的偏好及其影响因素等方面存在异质性。

表 6.3 分区域估计结果

变量	模型 3（河北）		模型 4（北京）		模型 5（天津）	
	系数	标准误	系数	标准误	系数	标准误
ASC	−0.4300	1.1246	−1.8464	1.9911	−7.5745***	1.9084
一般技术培训	0.3333**	0.1390	0.1240	0.2436	1.5969***	0.3752
全程技术指导	0.4042***	0.1494	0.3388*	0.2244	2.4752***	0.3634
限制用水量	0.8003***	0.2398	−1.0048***	0.3468	−0.9337***	0.3348
安装节水设施	0.3007***	0.1074	0.6831***	0.1774	0.8997***	0.2264
按亩收费	0.5643*	0.3213	−0.7868*	0.4123	0.0918	0.4735
按照计量水价收费	0.5322**	0.2236	−0.5489*	0.3159	−2.0641***	0.3831
农业用水量变化	−1.4968***	0.5595	−3.1063***	0.7629	−8.6491***	1.4515
ASC×性别	−0.0649	0.1971	−0.9156***	0.2876	−0.2710	0.3246
ASC×年龄	−0.0203**	0.0102	−0.0059	0.0159	−0.0151	0.0160
ASC×受教育程度	−0.0325	0.1188	0.1876	0.2086	0.0074	0.2036
ASC×是否村干部	−0.1215	0.4761	0.5541	0.5809	0.4842	0.4754
ASC×月均纯收入	−0.1999***	0.0768	0.0524	0.1140	0.3778***	0.1351
ASC×农业收入占比	−0.0865	0.1097	0.2374*	0.1287	0.7391***	0.1388
ASC×家庭人口	−0.1569	0.1002	−0.3303***	0.1028	−0.1393	0.1485
ASC×主要劳动力数量	0.1430	0.1316	0.5382***	0.1932	0.1951	0.2152
ASC×耕地面积	−0.0180	0.0368	0.0015	0.0018	0.0340	0.0387
ASC×地块分散程度	0.1007	0.1312	−0.3599**	0.1675	0.2474	0.2018
ASC×节水技术培训	0.3199	0.3992	0.3129	0.3345	2.4126***	0.6108
ASC×节水宣传	−0.4777**	0.2173	−0.5701	0.4339	−0.6627*	0.3558
ASC×是否缺水	0.2847*	0.1495	0.2421	0.1829	−0.8045***	0.2443
ASC×节水态度	0.1946	0.1429	−0.0854	0.2460	1.2427***	0.2953
ASC×是否愿意采用节水技术	0.2589	0.3065	1.6921***	0.5313	1.0302**	0.4472
ASC×持续采用程度	−0.1605	0.1595	0.0926	0.1597	0.6761**	0.2764
ASC×节水重要程度	0.1125	0.1411	0.1849	0.1878	−1.0066***	0.2646
对数似然值	−1636.5125		−1072.0339		−1120.5901	
卡方值的显著性概率	0.0000		0.0000		0.0000	
伪决定系数	0.0541		0.1446		0.2316	
观测值	4992		3616		4208	

注：*、**、***分别表示在 10%、5%和 1%的水平上显著。

在河北地区，全程技术指导、限制用水量、安装节水设施、农业水价等政策属性变量在估计结果中均显著且系数为正，说明实施这 4 种节水政策都能显著提高河北地区农户的节水积极性。在北京地区，与预调研结果较为一致，全程技术指导和安装节水设施估计结果显著且系数为正，而限制用水量和收取农业水费估计结果显著且系数为负。天津市样本估计结果中一般技术培训、全程技术指导、安装节水设施对农户节水意愿有着正向影响，限制用水量与按照计量水价收费对农户节水意愿有着负向影响，按亩收费影响不显著。

从农户特征和 ASC 的交互项来看，在河北省样本估计结果中，ASC 与年龄、月均纯收入、节水宣传交互项系数为负，说明河北地区年龄越大、收入水平越高、接受过节水宣传的农户，节水意愿越强。在北京市样本估计结果中，ASC 与性别、家庭人口、地块分散程度的交互项系数为负，说明北京地区男性、家庭人口较多、地块较为分散的农户更愿意参与节水活动，农业收入占比、主要劳动力数量与 ASC 交互项系数为正且显著，说明非农收入越高、劳动力数量越少的农户节水积极性越高。根据天津市样本估计结果，收入较低的农户更愿意参与节水活动，而参加过节水宣传、认为水资源严重缺乏、认为农业节水很重要的农户则表现出更为积极的农业节水热情。

（3）农户对农业节水政策的偏好程度分析

利用式（4-12）可得出农户在各政策属性下所愿意减少农业用水量的比例，结果如表 6.4 所示。

表 6.4 农户用水量的变化比例　　　　单位:%

属性		用水量减少比例			
		模型 2（总）	模型 3（河北）	模型 4（北京）	模型 5（天津）
培训与技术指导	一般技术培训	14.71	22.27	3.99	18.46
	全程技术指导	25.56	27.00	10.91	28.62
用水管理	限制用水量	-9.03	53.47	-32.35	-10.80
节水设施管理	安装节水设施	16.79	20.09	21.99	10.40
农业水价	按亩收费	-8.35	37.70	-25.33	1.06
	按照计量水价收费	-18.11	35.56	-17.67	-23.86

　　从总样本数据估计结果来看，农户对节水政策各属性的偏好顺序为全程技术指导、安装节水设施、一般技术培训、按亩收费、限制用量水、按照计量水价收费，其中全程技术指导、安装节水设施、一般技术培训能够增强农户的节水意愿，而按亩收费、用水管理、按照计量水价收费则增加农户的用水量。在政府部门提供培训与技术指导的条件下，农户节水意愿增强，一般技术培训下农户愿意减少用水量的比例为 14.71%，全程技术指导下农户减少用水量的意愿最强，此时农户愿意减少用水量的比例为 25.56%；在用水管理上，限制用水量并未取得预期的节水效果，反而增加了 9.03% 的用水量；在节水设施管理上，与不提供节水设施相比，安装节水设施能使农户愿意减少 16.79% 的用水量；在农业水价上，按亩收费和按照计量水价收费都未起到减少农户用水量的作用，在这两种收费方式下，农户用水量反而分别增加了 8.35% 与 18.11%，说明农户对农业水价认可度低。由此可以看出，在各项农业节水政策中，农户更愿意接受培训与技术指导、节水设施管理这两项政策，而对用水管理与农业水价定价方式这两项政策的接受程度低。

　　从不同区域的估计结果来看，所有的政策属性都有助于河北省农户减少农业用水量，其中用水管理效果最佳，能够减少 53.47% 的用水量；其次为按亩收费、按照计量水价收费、全程技术指导、一般技术培训；安装节水设施效果最次，减少比例为 20.09%。从北京市样本数据结果来看，节水设施管理效果最佳，安装节水设施能够减少 21.99% 的农业用水量；培训与技术指导也能达到预期的节水效果，在全程技术指导下农户农业用水量能够减少 10.91%，一般技术指导能够减少 3.99%；而用水管理与农业水价均未起到预期效用，表明农户对这两项政策的接受意愿低。从天津市样本数据结果来看，培训与技术指导对减少农户用水量的效果最佳，在提供全程技术指导或一般技术培训的条件下，农户分别愿意减少 28.62%、18.46% 的用水量；安装节水设施能够减少 10.40% 的用水量；农业水价中按亩收费对减少用水量效果略差，减少比例为 1.06%；而限制用水量、按照计量水价收费则未达到预期效果，反而增强了农户增加农业用水量的意愿。从上述结果可以看出，尽管相同的政策在不同地区的效果存在差异，但仍有共同之处，培训与技术指导、节水设施管理都能够有效增强农户意愿，减少农业用水量。

6.4 本章小结

6.4.1 农户对不同农业节水政策的偏好存在较大差异

根据实证研究结果，京津冀三地农户更为偏好一般技术培训和全面技术支持、安装节水设施这类"正向激励措施"，而通过强制限制、收取水费等"负面约束措施"则不利于调动农户参与节水活动的热情。因此，在完善农业节水政策时，要加强农户在农业节水方面的技术支持和培训，充分发挥技术支持在农业节水中的激励作用。

6.4.2 不同区域农户对不同农业节水政策的偏好程度具有显著差异

京津冀地区农户生产用水行为是在自然环境、农户自身特征、政府制度多种因素交互作用下形成的，根据三地农户分区域研究结果，可以看出三地农户对不同农业节水政策存在显著的偏好差异，影响因素差异也较大。

7 结论与政策建议

7.1 主要研究结论

本书是在水资源紧缺已严重制约京津冀协同发展的背景下，分别从宏观层面和微观层面对京津冀农业水资源的高效利用予以经济学分析。在宏观层面，利用统计数据对京津冀水资源特征进行了详细描述，实证研究了农业全要素用水效率及影响因素。在微观层面，利用实地调研数据分析了京津冀农户农业节水技术采纳行为及农业节水政策的接受意愿。

7.1.1 关于京津冀用水特征的分析

本书从供水配置、用水结构等方面梳理了 2000—2019 年京津冀三地总体及各地区的水资源特征，结果表明京津冀区域经济发展速度快、人口密度大、水资源总量较少，人均水资源占有量远低于全国平均水平，是我国缺水最严重的地区之一，生态环境与经济协调发展的任务艰巨。其中，河北人均水资源占有量不足全国平均水平的 1/10，北京地区人均水资源占有量约为全国平均水平的 1/20，天津地区水资源人均占有量约为全国平均水平的 1/40，京津冀地区水资源短缺问题十分严重。京津冀地区的供水主要由地表水、地下水、再生水和"南水北调"水四部分构成，近 20 年来地表水、地下水供水量波动幅度不大，再生水和"南水北调"水总量增长迅速，增加近 5 倍。京津冀单位地区生产总值用水量近 20 年间呈现大幅下降趋势，用水主要由农业用水、工业用水、生活用水和生态用水等方面构成，其中农业用水是京津冀用水的主要构成部分，占京津冀总用水量的 63.5%，作为农业大省的河北农业用水量远远高于北京和天津农业用水量。虽然京津冀农业用水量整体呈现下降趋势，但未来京津冀地区以农业为主的用水分配格局将长期存在，灌溉是用水大户的基本现状不会根本改变。在水土资源约束日益加强的条件下，保障国家水安全以及粮食安全的用水需求，最迫切、最有效的办法是农业节水，推动农田水利从提高供水能力向更加重视提高节水能力转变。

7.1.2　关于京津冀全要素用水效率的测度

本书基于经济学视角，运用 SBM-DEA 模型对 2001—2019 年的京津冀地区农业全要素用水效率进行测算，结果得出在区域层面京津冀地区整体的农业全要素用水效率约为 0.6，存在较大的提升空间，在产出、技术及其他投入要素保持不变的情况下，达到当前农业产出仍可减少 40% 的农业用水量。具体在京津冀三地中，北京的农业全要素用水效率基本上都处于生产前沿面，河北的农业全要素用水效率明显低于北京和天津，从而拉低了京津冀区域整体的农业用水效率水平。河北作为京津冀地区农业节水最具潜力的省份，应尽快提高农业用水效率，缩小地区差异，同时要加强三地农业水资源保护协作，开展农业节水技术的区域推广和应用。本书采用受限面板 Tobit 模型实证研究了京津冀农业全要素用水效率的影响因素，得出人均水资源量、水库容量、节水灌溉面积、粮食蔬菜面积比与农业全要素用水效率负相关，农村劳动力素质、农业生产资料价格指数与农业全要素用水效率存在显著的正相关关系。进一步分析可发现长期以来我国农业用水效率低下的原因：一是农业水权制度有待完善，农户缺乏节水动力；二是法律法规不健全，存在政策空白点；三是有效的管理机制未建立，缺乏监督管理；四是宣传培训不到位，可持续发展意识淡薄。

7.1.3　关于京郊农业节水生态补偿机制的构建

本书基于北京新一轮农业产业结构调整的现实背景，以京郊作为预调研重点区域，归纳总结了北京农业节水的发展现状、取得的成效以及存在的问题，提出了北京农业节水的思路——构建北京农业节水生态补偿机制。首先，从农户结构调整的退出壁垒、进入壁垒、成本核算等角度分析了农户在进行农业结构调整时产生的成本，利用风险理论对农户结构调整决策面临的风险进行了分析，包括自然风险、市场风险、技术风险、决策风险，并结合典型案例分析了北京节水型农业结构调整对农户收益变动带来的影响。其次，选取北京节水型农业结构调整的重点区域进行问卷调研，通过整理分析调查数据，对农户参与农业结构调整的意愿及农业节水生态补偿接受意愿进行了实证研究，发现农户对不同农业节水政策的接受意愿存在差异，构建了北京农业节水生态补偿机制的基本框架，基本原则是"谁用水谁付费，谁节水谁受益，谁受益谁补偿"，补偿主体以市级政府和区县政府为主，社会补偿作为补充是比较切合实际的，补偿对象为节水农户，补偿途径以政府公共财政途径为主、市场途径和社会途径为辅，补偿方式为技术补偿、实物和资金补偿与激励补偿。最后，为了保障北京农业节水生态补偿机制的顺利实施，应建立农业给水生态补偿的协调管理机制，完善农业节水生态补偿相应的法规与制度建设，构建农业节水主体广泛参与的运行机制，加强农业节水生态补偿的科学研究和试点工作。

7.1.4 关于京津冀农户节水技术采用行为的研究

本书构建了农业节水技术"认知→选择意愿→采纳决策→采用程度"的农户节水技术采纳行为分析框架，对农户对农业节水技术应用的整个过程及每个阶段进行深入分析。通过对京津冀地区农户生产经营与节水技术应用情况的调研，发现京津冀地区高效节水灌溉方式所占比例远高于全国水平，并且总体呈现明显增长趋势，农业节水灌溉工程以低压管灌技术为主。在区域分布方面，北京节水灌溉所占比例最大，近年来达到95%以上；其次是河北省，在89%左右；天津节水灌溉工程比例最低，在75%左右。京津冀地区农户个人多采用传统型和经验型节水技术，农户口口相传的信息传播方式仍是京津冀地区传统型、经验型节水技术信息传播的主要途径。对于传统型节水技术农户来说，自筹、村集体获取资金的方式占到所有农户的60%；对于工程型节水技术农户来说，政府部门提供的资金所占比重明显增大，是重要的资金来源渠道。基于结构方程模型，发现良好的政策环境有利于调动农户决策者农业节水技术采纳积极性，高效的技术宣传方式有利于加深农户对节水技术的理解，促进农业节水技术在华北地区大面积推广。基于 Double-Hurdle 模型，发现农户的文化程度、土地细碎化程度、节水宣传力度、水资源稀缺性认知显著影响农户节水技术的采纳决定和采用程度。提高农户文化水平，减少土地细碎化程度、增加土地集中连片性，加大农业节水技术宣传力度，提高华北地区农户对农业水资源稀缺性的认知，有利于促进农户采纳农业节水技术和提高农业节水技术采纳程度。

7.1.5　关于京津冀农户对不同农业节水政策的偏好

本书将京津冀地区的农业节水政策工具分为命令控制型措施、经济激励措施及自愿参与措施3类，采用选择实验法对农户农业节水政策偏好开展实证分析，得知京津冀三地农户更为偏好一般技术培训和全面技术支持、安装节水设施这类"正向激励措施"，而通过强制限制、收取水费等"负面约束措施"则不利于调动农户参与节水活动的主动性。因此在完善农业节水政策时，要加强农户在农业节水方面的技术支持和培训，充分发挥技术支持在农业节水中的激励作用。在不同区域方面，京津冀三地农户对不同农业节水政策存在显著的偏好差异，影响因素差异也较大。从北京市样本数据结果来看，节水设施管理效果最佳，培训与技术指导也能达到预期的节水效果，而用水管理与农业水价均未起到预期效用，表明农户对这两项政策的接受意愿低。从天津市样本数据结果来看，培训与技术指导对减少农户用水量的效果最佳，安装节水设施次之，农业水价中按亩收费对减少用水量效果略差，而限制用水量、按照计量水价收费则未达到预期效果，反而增强了农户增加农业用水量的意愿。从河北省样本数据结果来看，所有的政策属性都有助于全省农户减少农业用水量，其中用水管理效果最佳，其次为按亩收费、按照计量水价收费、全程技术指导、一般技术培训，安装节水设施效果最次。相同的政策在不同地区的效果存在差异，但培训与技术指导、节水设施管理都能够有效增强农户节水意愿，减少农业用水量。

7.2　政策启示

水资源日益紧缺和水生态环境不断恶化是京津冀区域农业用水面临的双重约束。面对资源环境约束的日益趋紧，大力发展节水农业、提升京津冀农业用水效率，成为解决京津冀农业用水危机、建设资源节约与环境友好型农业的必然选择。基于上述研究结论，可得出以下政策启示：

7.2.1 重视政府导向作用，同时要尊重农户的意愿和决策行为

我国的基本国情决定了在当前农业水资源生产配置中，政府仍要以制度建设为核心，发挥主导力量和基础作用；农户作为水资源生产配置的执行主体，政府应有效引导和激励农户的节水行为。在市场经济条件下，作为一个利益主体，农户的行为选择常常与生态、资源环境的可持续发展要求相悖，然而在一个完整的经济系统内，农户的行为选择是对自身利益思考和反映的结果，这是农户自己的权利，应当承认其合理性。国际上已经开始形成参与式灌溉管理理念，主旨是让农户通过对关系其切身利益的资源进行管理，以达到合理利用有限水资源的目的。因此，推进节水农业发展，一方面要看到农户行为选择中非理性、非科学的局限性；另一方面也应尊重农户的意愿和选择，不能以行政命令等方式来强制改变。实现农业高效节水势必要借助于行政力量整体推进，而实证研究结果表明，农户自身因素与经济状况是影响农户选择节水灌溉的重要因素。因此政府在制定节水的相关政策时，应综合考虑不同地区的经济状况和具体条件，在充分掌握农户需求、意愿和困难的基础上，采取相应的措施，对农户行为选择加以引导与矫正，增进农户对政府节水政策的认同感，促使节水目标顺利实现。

7.2.2 注重基层技术推广，有效指导农户生产

实证结果表明，京津冀地区更偏好技术支持、安装节水设施等"正面激励措施"。受文化水平与信息获取能力等方面的影响，大部分农户对农业节水意义的认识往往是一个渐进的过程，尤其在节水农业发展的新阶段，还需要掌握更多的农业节水技术和生产管理技术，而掌握这些技术又需要农民具有一定的科技文化素质。但是，在项目组实地调研中，仅有22.2%的农户表示接受过节水相关的培训，说明当前农业节水的宣传和培训工作尚存在欠缺。受地域条件的限制，农村人口居住比较分散、受教育程度低，应通过行之有效的方式加强宣传，普及水资源管理和农业节水等方面知识，提高农户节水意识。政府应根据农户的需求，加大先进农业节水技术的推广，对于其他有利于减少用水量又不影响农户利益的先进管理措施也应该加大推广力度。第一，政策应加大对农业节水技术的研发投入力度，不断提高研究水平，采

用先进技术；第二，增加基层农业推广站农技人员配备数量，壮大农技人员队伍，以更灵活有效的方式对农户进行指导，鼓励科技人员深入乡村和田间地头，实地对农户开展节水技术培训和指导；第三，建议及时向农户提供政策服务，充分利用广播、电视、网络、手机等多元化媒介，深入细致地向农户宣传政府支持节水农业发展的各项举措，做好农户思想意识领域的工作，使其真正认识到水资源的紧缺性，从而能够了解农业节水活动的重要性，逐步促进农户由不节水向自发节水、自觉节水转变。

7.2.3 加大财政支持力度，完善经济补偿政策

发展节水农业不仅关系到农业的稳定发展，而且关系到区域经济的绿色健康发展。农业节水设施工程的建设、维护和完善都需要较大的资金投入，而且这种资金需求是持续和相对稳定的。从京津冀地区已有的实践来看，发展节水农业尤其是节水型结构调整的实施的确会在一定程度上影响农民的收益，特别是高耗水地区、以退出产业为主导的地区和退耕还林（草）地区。而且发展节水农业，农户往往需要承担较大的成本，还要面临自然风险、市场风险、技术风险等一系列问题，而农业本身作为社会效益高、经济效益低的弱势产业，农业及农业节水的经济效益通常要低于其社会、生态与环境效益，不利于农户做出节水的决策。因此，建议一方面政府应加大财政支持力度，完善农业生产社会化服务，针对投入高但节水效果好的技术，在初期工程投入方面应加大支持力度，降低农户使用成本，并配合相应的生态补偿政策和节水激励政策，建立农业节水补偿机制，对农民应用节水技术进行农业生产给予水费优惠或一定的补助，保障农民的利益不受损，使得节水农业能够顺利发展；另一方面应探索建立农业节水补偿基金，在公共财政投入起主导作用的同时，引导社会资本向农业农村转移，考虑工业和城镇生活用水补偿基金来源，引入金融政策等筹资手段。

7.2.4 继续深化农业水价改革，充分发挥价格杠杆调节作用

根据利益最大化原则，农户只有在节水收益大于节水成本时才会主动采用节水技术和措施，而节水收费直观表现为节省的水费，水价的高低成为激励节水的重要因素。同时，也需要考虑到水价调整对农户选择节水行为起到

的仅是杠杆作用，不是绝对影响因素，实证结果也显示农业水价并没有起到激励农户参与节水的作用。这表明一部分农户在水价影响下采用节水技术，但很大一部分农户表示农业水价设置比较不合理，因此需要进一步调整水价。对于当前试点区推行的超额累进水价定价模式，要继续推行下去，以促进水资源的合理配置和节水灌溉水利工程的顺利运行。在合理制定基本用水定额的基础上，明确规定超额范围及标准，对超额水量实行累进加价机制，充分发挥价格杠杆的调节作用，激励用水户自觉节约水资源。在积极推行目前水价机制的前提下，还可以采用差别定价或是浮动定价机制，根据区域水资源来源及水利灌溉工程运行情况，分区域定价；根据流域内降水特点，实行丰枯季节差价、浮动价格机制。另外，要严格水费征收管理，一要加强对水费收取过程的全程监督，严防不合理收费项目出现及费用私自挪用等违法行为；二要健全水费征收公示制度，提升水费收取的透明度；三要强化部门管理，编制相关文件，明确细化不同部门的各自职责。

7.2.5 增强空间协同性，推动宏观层面农业用水效率的提高

根据本书结论，资源环境约束下京津冀地区农业用水效率存在明显的地区差距，且这种差距长期存在，农业经济发展、节水农业发展以及环境规制等区域性特定条件是影响用水效率是否趋同的重要因素。随着区域之间空间关联的日趋密切，空间溢出效应使得某个影响因素的变化不仅引起本地区农业用水效率的变化，同时也会对近邻地区的农业用水效率产生一定的影响，并可能引起一系列地区差距的变化。因此，中央和地方政府应全面统筹规划，充分发挥空间关联和空间溢出效应对资源环境约束下农业用水效率区域协调的促进作用，针对不同省市的自然、社会经济特点，分区域制定总体农业节水目标，增强农业用水效率提高的空间协同性，不断缩小农业用水效率的地区差距。建议构建地方政府、省市之间提高农业用水效率的联动机制，加强区域联动，实现额外的溢出效应，推动各地区根据水资源条件调整种植结构，形成与水资源承载能力相适应的农业生产布局。

7.3　研究局限性与未来方向

本书的不足之处主要体现在以下 3 个方面：

①在区域选择方面，随着北京非首都功能疏解整治工作的深入推进，北京农业生产空间大幅度压缩，北京农作物播种面积从 2011 年的 30.3 万 hm^2 下降至 2019 年的 9.2 万 hm^2，农业用水的下降主要依靠种养面积的减少。本项目对京郊时隔两年（2017 年、2019 年）的调研也发现，许多农户已经不从事农业生产，对农业节水也不是很关注，把北京农户作为调研重点来开展农业节水方面的研究，很难对全国起到借鉴作用，因此未来需要进一步扩大样本地区范围，对其他地区的农业水资源高效利用问题进行对比研究。

②在实证研究方法方面，本书采用选择实验法来调查农户的农业节水政策接受意愿，因京津冀三地农户综合素质存在较大差异，对选择实验中的政策方案理解能力差别也较大，调研人员在实地调研这一部分内容时花费了大量时间和精力对被调查者进行解释，但仍有部分农户表示难以选择，因此可能在一定程度上影响结论的稳健性，未来设想采用重要性排序或更便于农户所理解接受的方式来进一步完善验证实证研究结果。

③受时间和精力限制，本书的主要调查对象主要是小农户。虽然农户当前仍然是中国农业生产的基本经营单位，但在京津冀地区，尤其是北京、天津，农业生产经营主体正逐渐从单一走向多元，新型经营主体不断涌现，呈现出与小农户很多显著不同的特征。这些不同类型的新型农业经营主体的农业用水问题，有待进一步探讨与分析，在今后的研究中应对这些问题予以充分关注。

参考文献

［1］ ABDULAI, AWUDE, HUFFMAN, et al. The diffusion of new technologies: The case of crossbred-cow technology in Tanzania ［J］. American Journal of Agricultural Economics, 2005 (8): 645-659.

［2］ ABU - ZEID M. Water pricing in irrigated africulture ［J］. Water Resources Development, 2001, 17 (4): 3-8.

［3］ ALAUDDIN M, SARKER M R, ISLAM Z , et al. Adoption of alternate wetting and drying (AWD) irrigation as a water-saving technology in Bangladesh: Economic and environmental considerations ［J］. Land Use Policy, 2020 (10): 30-44.

［4］ ALBERTO GARRIDO. Water markets design and evidence from experimental economics ［J］. Environmental & Resource Economics, 2007 (38): 311-330.

［5］ AMELIA BLANKE, SCOTT ROZELLE, BRYAN LOHMAR, JINXIA WANG, JIKUN HUANG. Water saving technology and saving water in China ［J］. Agricultural Water Management, 2006, 87 (2): 139-150.

［6］ MATTOUSSI W, SEABRIGHT P. Cooperation against theft: A test of incentives for water management in tunisia ［J］. American Journal of Agricultural Economics, 2014, 96 (1): 124-153.

［7］ JOERES E F, LIEBMAN J C, REVELLE C S. Operating rules for joint operation of raw water sources ［J］. Water Resources Research, 1971, 7 (2): 225-235.

［8］ ZILBERMAN D, PARKER D. Explaining irrigation technology choices: A microparameter approach ［J］. American Journal of Agricultural Economics,

1996, 78 (4): 1064-1072.

[9] HAOYANG LI, JINHUA ZHAO. Rebound effects of new irrigation tech-nologies: The role of water rights [J]. American Journal of Agricultural Economics, 2018, 100 (3): 786-808.

[10] HEJINFENG, CHEN GUOJIE. A theoretical exploration of price water in dynamic total cost [J]. Journal of Natural Resource, 2000, 15 (3): 236-240.

[11] XUE J, GUI DW, LEI JQ, SUN HW, ZENG FJ, FENG XL. A hybrid Bayesian network approach for trade – offs between environmental flows and agricultural water using dynamic discretization [J]. Advances in Water Resources, 2018, 110 (12): 445-458.

[12] ALAM, KHORSHED. Farmers' adaptation to water scarcity in drought-prone environments: A case study of Rajshahi District, Bangladesh [J]. Agricultural Water Management, 2015, 148 (1): 196-206.

[13] MACARENA DAGNINO, FRANK A. Ward. Economics of agricultural water conservation: Empirical analysis and policy implications [J]. International Journal of Water Resources Development, 2012, 28 (4): 577-600.

[14] MAN LI, WENCHAO XU, TINGJU ZHU. Agricultural water allocation under uncertainty: Redistribution of water shortage risk [J]. American Journal of Agricultural Economics, 2019, 101 (1): 134-153.

[15] ARRIAZA M, JOSÉ A, GÓMEZ-LIMÓN, UPTON M. Local water mar-kets for irrigation in south Spain: A multi – criteria approach [J]. The Australian Journal of Agricultural and Resource Economics, 2002, 46 (1): 21-43.

[16] PEPIJN SCHREINEMACHERS, MEI-HUEY WU, MD NASIR UDDIN, SHAHABUDDIN AHMAD, PETER HANSON. Farmer training in off-season vegetables: Effects on income and pesticide use in Bangladesh [J]. Food Policy, 2016, 61: 132-140.

[17] VALIZADEH NASER, BIJANI MASOUD, HAYATI DARIUSH, HAGHIGHI NEGIN FALLAH. Social – cognitive conceptualization of Iranian farmers' water conservation behavior [J]. Hydrogeology Journal, 2019, 27 (11): 1131-1142.

[18] RAHM M R, HUFFMAN W E. The adoption of reduced tillage: The

role of human capital and other variables ［J］. American Journal of Agricultural Economics, 1984（66）: 405-413.

［19］ SHANKAR K. Dynamics of ground water irrigation ［M］. Segment Books, 1992.

［20］ KOUNDOURI P, NAUGES C, TZOUVELEKAS V. Technology adoption under production uncertainty: Theory and application to irrigation technology ［J］. American Journal of Agricultural Economics, 2006, 88（3）: 657-670.

［21］ SLIM Z, WILLIAM E. Estimating the potential gains from water markets: A case study from Tunisia ［J］. Agricultural Water Management, 2005, 72（3）: 161-175.

［22］ XIAOMENG CUI. Climate change and adaptation in agriculture: Evidence from US cropping patterns ［J］. Journal of Environmental Economics and Management, 2020, 101（5）: 102306.1-102306.24.

［23］ YONGDENG LEI, JINGAI WANG, YAOJIE YUE, YUANYUAN YIN, ZHONGYAO SHENG. How adjustments in land use patterns contribute to drought risk adaptation in a changing climate: A case study in China ［J］. Land Use Policy, 2014, 36（1）: 577-584.

［24］ LEI Y, WANG J, YUE Y, YIN Y, SHENG Z. Machinery investment decision and off-farm employment in rural China ［J］. China Economic Review, 2011, 23（1）: 71-80.

［25］ 蔡鸿毅, 程诗月, 刘合光. 农业节水灌溉国别经验对比分析 ［J］. 世界农业, 2017（12）: 4-10.

［26］ 常明. 农户兼业行为影响灌溉效率吗? ——基于 CFPS 的微观证据 ［J］. 农林经济管理学报, 2020, 19（6）: 681-689.

［27］ 陈崇德, 刘作银, 田树高. 农户灌溉水资源配置行为的有效性分析 ［J］. 人民长江, 2009, 40（17）: 20-22.

［28］ 陈宏伟, 穆月英. 节水生产行为、非农就业与农户收入溢出 ［J］. 华中农业大学学报（社会科学版）, 2022（2）: 1-11.

［29］ 陈宏伟, 穆月英. 政策激励、价值感知与农户节水技术采纳行为: 基于冀鲁豫 1188 个粮食种植户的实证 ［J］. 资源科学, 2022, 44（6）:

1196-1211.

[30] 陈煌, 王金霞, 黄季焜. 旱灾发生状况、政策支持及农户适应性措施的采用 [J]. 水利经济, 2013, 31 (6): 50-53.

[31] 陈雪, 袁紫仪, 林湘岷, 等. 基于 Web of Science 文献计量的我国节水农业研究态势分析 [J]. 中国农业大学学报, 2022, 27 (8): 198-207.

[32] 陈正虎, 唐德善. 水权的转让与补偿及实践初探 [J]. 水资源研究, 2005, 26 (4): 17-19.

[33] 代小平, 陈菁, 陈丹. 农业水权转让补偿机制及模型研究 [M]. 南京: 河海大学出版社, 2014.

[34] 翟国梁, 张世秋, Kontoleon Andreas, 等. 选择实验的理论和应用: 以中国退耕还林为例 [J]. 北京大学学报 (自然科学版), 2007, 43 (2): 235-239.

[35] 范婷, 朱美玲. 基于农户满意度的农业节水技术公司化服务模式指标体系研究 [J]. 节水灌溉, 2016, 25 (7): 84-85, 92.

[36] 房建恩, 马立伟. 农业节水技术推广困境及对策研究 [J]. 农业经济, 2022 (5): 9-11.

[37] 冯金鹏. 国外节水经验对我国农业节水政策建设的启示 [J]. 农业科技与装备, 2015, 255 (9): 65-66.

[38] 冯献, 李瑾, 郭美荣. 基于节水的北京设施蔬菜生产效率及其对策研究 [J]. 中国蔬菜, 2017 (1): 55-60.

[39] 冯欣, 姜文来, 刘洋, 等. 中国农业水价综合改革历程、问题和对策 [J]. 中国农业资源与区划, 2022, 43 (3): 117-127.

[40] 冯颖, 屈国俊. 农业节水技术补偿机制的利益相关者分析 [J]. 节水灌溉, 2016 (7): 80-83.

[41] 冯颖. 宁夏干旱半干旱地区农户采用农业节水技术意愿的影响因素分析 [J]. 中国农村水利水电, 2016, 403 (5): 48-54.

[42] 冯颖. 农业节水技术补偿机制研究: 资源冲突与利用视角的制度博弈分析 [M]. 北京: 经济科学出版社, 2015.

[43] 高占义, 刘钰, 雷波. 农业节水补偿机制探讨: 从灌区到农户的补偿问题 [J]. 水利发展研究, 2006 (2): 4-9.

［44］葛颜祥，胡继连．不同水权制度下农户用水行为的比较研究［J］．生产力研究，2003（2）：31-33.

［45］顾雪微，朱美玲．基于技术扩散视角的农民节水灌溉合作社的创建模式比较研究［J］．节水灌溉，2018（10）：100-103.

［46］郭旭宁，郦建强，李云玲，等．京津冀地区水资源空间均衡评价及调控措施［J］．水资源保护，2022，38（1）：62-66，81.

［47］郭雅楠．农户参与农业节水意愿的影响因素研究［D］．北京：北京林业大学，2012.

［48］郭亚军，邱丽萍，姚顺波．节水灌溉技术对农户农业收入影响分析［J］．经济问题，2022（4）：93-100.

［49］国亮，侯军歧，惠荣荣．农业节水灌溉技术扩散机制与模式研究［J］．开发研究，2014（1）：43-45.

［50］国亮，候军歧，焦源．技术扩散理论与农业技术灌溉技术扩散研究［M］．北京：中国农业出版社，2015.

［51］韩洪云，杨增旭，等．农户农业面源污染治理政策接受意愿的实证分析：以陕西眉县为例［J］．中国农村经济，2010（1）：45-52.

［52］韩洪云，喻永红．退耕还林的环境价值及政策可持续性［J］．中国农村经济，2012（11）：44-55.

［53］韩青．农业节水灌溉技术应用的经济分析［D］．北京：中国农业大学，2004.

［54］侯苗，杨星，张馨元，等．农业水价综合改革验收体系探讨［J］．灌溉排水学报，2022，41（8）：139-146.

［55］胡豹，卫新，王美青．影响农户农业结构调整决策行为的因素分析：基于浙江省农户的实证［J］．中国农业大学学报（社会科学版），2005（2）：50-56.

［56］黄文红．农业节水技术推广研究［D］．南昌：江西农业大学，2016.

［57］黄秀路，武宵旭，葛鹏飞，等．中国农业生产中的节水灌溉：区域差异与方式选择［J］．中国科技论坛，2016（8）：143-148.

［58］黄智俊．我国农户节水灌溉技术采用的激励研究［D］．上海：上海

财经大学，2007.

[59] 姜东晖. 农用水资源需求管理理论与政策研究 [D]. 泰安：山东农业大学，2009.

[60] 金建君，江冲. 选择试验模型法在耕地资源保护中的应用 [J]. 自然资源学报，2011，26（10）：1750-1757.

[61] 金建君，王志石. 选择试验模型法在澳门固定废弃物管理中的应用 [J]. 环境科学，2006，27（4）：820-824.

[62] 靳雪，胡继连. 我国水权银行的建设与应用研究 [J]. 山东农业大学学报（社会科学版），2011，13（1）：18-24.

[63] 康德奎，王磊，王浩斐，等. 农户持续采用农业节水技术的影响因素研究 [J]. 华北水利水电大学学报（自然科学版），2022，43（4）：36-42.

[64] 康德奎，王昱，方良斌，等. 石羊河流域农户选择高效节水技术的影响因素研究 [J]. 节水灌溉，2020（3）：71-76，84.

[65] 李存超，赵帮宏，王哲，等. 河北省农户参与农业节水意愿影响因素分析 [J]. 节水灌溉，2009（6）：4-7.

[66] 李含琳. 国内外农业生产的水成本评价及宏观决策意义 [J]. 中国农村水利水电，2012（2）：137-141.

[67] 李慧，丁跃元，李原园，等. 新形势下我国节水现状及问题分析 [J]. 南水北调与水利科技，2019，17（1）：202-208.

[68] 李洁，修长百，邢霞. 黄河流域农户环境责任感对其节水技术采纳行为的影响：基于有调节的中介效应分析 [J]. 干旱区资源与环境，2022，36（11）：49-55.

[69] 李瑾，郭美荣，冯献. 北京设施农业节水技术应用现状及需求分析 [J]. 江苏农业科学，2016，44（12）：596-600.

[70] 李庆国，芦晓春. 示范引领　调动农户节水积极性 [N]. 农民日报，2015-11-07（8）.

[71] 李铁，王海丽，詹小米. 农业节水补偿理论、方法与实践 [M]. 北京：中国水利水电出版社，2015.

[72] 李文华，刘某承，闵庆文. 中国生态农业的发展与展望 [J]. 资源科学，2010，32（6）：1015-1021.

［73］李文华．生态农业：中国可持续农业的理论与实践［M］．北京：化学工业出版社，2004.

［74］李珠怀．我国农业节水灌溉的补偿机制分析［J］．水利发展研究，2014，14（4）：32-36.

［75］林惠凤，刘某承，焦雯珺，等．转换灌溉方式对农户种植决策和经济的影响：以河北省张北县为例［J］．中国生态农业学报（中英文），2019，27（8）：1293-1300.

［76］刘昌明．中国农业水问题：若干研究重点与讨论［J］．中国生态农业学报，2014，22（8）：875-879.

［77］刘登伟，封志明，方玉东．京津冀都市规划圈考虑作物需水成本的农业结构调整研究［J］．农业工程学报，2007（7）：58-63，291.

［78］刘维哲，王西琴．农户分化视角下农业水价政策改革与节水技术采用倾向研究：基于河北地区农户调研数据［J］．中国生态农业学报（中英文），2022，30（1）：166-174.

［79］刘亚克，王金霞，李玉敏，等．农业节水技术的采用及影响因素［J］．自然资源学报，2011，26（6）：932-942.

［80］刘一明．农业水价激励结构对农户节水认知与行为背离的影响［J］．华南农业大学学报（社会科学版），2021，20（6）：88-97.

［81］刘宇，黄季焜，王金霞，等．影响农业节水技术采用的决定因素：基于中国10个省的实证研究［J］．节水灌溉，2009（10）：1-5.

［82］刘尊梅．中国农业生态补偿机制的路径选择与制度保障研究［M］．北京：中国农业出版社，2012.

［83］柳荻，胡振通．地下水超采区休耕生态补偿的农户意愿研究：基于河北省的动态调查［J］．干旱区资源与环境，2021，35（10）：98-104.

［84］马爱慧，蔡银莺，张安录．耕地生态补偿实践与研究进展［J］．生态学报，2011，31（8）：2321-2330.

［85］马骥，蔡晓羽．农户降低氮肥使用量的意愿及其影响因素分析：以华北平原为例［J］．中国农村经济，2007（9）：9-16.

［86］马九杰，崔怡，董翀．信贷可得性、水权确权与农业节水技术投资：基于水权确权试点准自然实验的证据［J］．中国农村经济，2022（8）：

70-92.

[87] 马九杰，崔怡，孔祥智，等．水权制度、取用水许可管理与农户节水技术采纳：基于差分模型对水权改革节水效应的实证研究 [J]．统计研究，2021，38 (4)：116-130.

[88] 毛慧，付咏，彭澎，等．风险厌恶与农户气候适应性技术采用行为：基于新疆植棉农户的实证分析 [J]．中国农村观察，2022 (1)：126-145.

[89] 年自力，郭正友，雷波，等．农业用水户的水费承受能力及其对农业水价改革的态度：来自云南和新疆灌区的实地调研 [J]．中国农村水利水电，2009 (9)：158-162.

[90] 潘睿，方国华．农业节水补偿额定量测算方法及应用 [J]．水利经济，2004 (4)：46-47.

[91] 齐永青，罗建美，高雅，等．京津冀地区农业生产与水资源利用：历史与适水转型 [J]．中国生态农业学报（中英文），2022，30 (5)：713-722.

[92] 任梅芳，胡笑涛，蔡焕杰，等．农业节水灌溉水价形成机制与农户承载力分析 [A]．现代节水高效农业与生态灌区建设（上），2010：7.

[93] 石达祺，罗强，刘刚．上海高效生态农业发展思路探索 [J]．上海农业学报，2010，26 (3)：91-95.

[94] 石志恒，崔民．个体差异对农户不同绿色生产行为的异质性影响：年龄和风险偏好影响劳动密集型与资本密集型绿色生产行为的比较 [J]．西部论坛，2020，30 (1)：111-119.

[95] 宋喜斌．以色列节水农业对中国发展生态农业的启示 [J]．世界农业，2014 (5)：56-58.

[96] 苏荟．新疆农业高效节水灌溉技术选择研究 [D]．石河子：石河子大学，2013.

[97] 孙伟，孟军．农业节水与农户行为的互动框架：影响因素及模式分析 [J]．哈尔滨工业大学学报（社会科学版），2011，13 (2)：92-96.

[98] 孙伟．中国农业节水技术推广关键影响因素研究 [D]．哈尔滨：东北农业大学，2012.

[99] 陶爱祥．发达国家节水农业经验及启示 [J]．世界农业，2014

（8）：151-153.

[100] 田贵良，顾少卫，韦丁，等．农业水价综合改革对水权交易价格形成的影响研究［J］．价格理论与实践，2017（2）：66-69.

[101] 佟大建，黄武．社会资本视角下稻农节水控制灌溉技术采纳研究［J］．节水灌溉，2018（9）：108-111，115.

[102] 汪少文，胡震云．基于利益相关者的农业节水补偿机制研究［J］．求索，2013（12）：227-229.

[103] 王金霞，刘亚克，李玉敏．农业节水技术采用：信息和资金来源渠道及制约因素［J］．水利经济，2013，31（2）：45-49，77.

[104] 王金霞．政策引导农业节水技术应用［N］．中国水利报，2009-12-17（3）.

[105] 王丽君，朱美玲．简述补偿机制在农业节水中的作用［J］．价值工程，2014，33（7）：64-65.

[106] 王双英．农业水资源非农化利用及利益补偿机制研究［D］．杭州：浙江大学，2012.

[107] 王小军．美国水权交易制度研究［J］．中南大学学报（社会科学版），2011，17（6）：120-126.

[108] 王晓琼，刘国勇，程路明．技术认知、获得程度与农户耕地质量保护提升行为［J］．中国农业资源与区划，2022，43（6）：34-42.

[109] 王秀鹃，胡继连．中国农业空间布局与农业节水研究［J］．山东社会科学，2019（2）：130-136.

[110] 王学渊．农业水资源生产配置效率研究［M］．北京：经济科学出版社，2009.

[111] 王钇霏，许朗．粮食安全视域下农业水价改革空间研究［J］．节水灌溉，2021（11）：65-70.

[112] 王瑜，应瑞瑶．养猪户的药物添加剂使用行为及其影响因素［J］．南京农业大学学报（社会科学版），2008，8（2）：48-54.

[113] 王哲，陈煜．技术进步一定会带来一个区域农业用水总量下降吗：基于河北省面板数据实证分析［J］．农业技术经济，2020（6）：81-89.

[114] 魏蕾，米晓田，孙利谦，等．我国北方麦区小麦生产的化肥、农

药和灌溉水使用现状及其减用潜力 [J]. 中国农业科学, 2022, 55 (13): 2584-2597.

[115] 吴乐, 孔德帅, 李颖, 等. 地下水超采区农业生态补偿政策节水效果分析 [J]. 干旱区资源与环境, 2017, 31 (3): 38-44.

[116] 吴立娟, 王哲. 国外农业节水政策对比分析 [J]. 北方园艺, 2014 (21): 206-209.

[117] 吴勇, 张赓, 陈广锋, 等. 中国节水农业成效、形势机遇与展望 [J]. 中国农业资源与区划, 2021, 42 (11): 1-6.

[118] 向东梅. 促进农户采用环境友好技术的制度安排与选择分析 [J]. 重庆大学学报 (社会科学版), 2011, 17 (1): 42-47.

[119] 肖雪, 李清清, 陈述. 基于高质量供需平衡的区域水资源优化调控方案: 以京津冀地区为例 [J]. 人民长江, 2022, 53 (8): 100-105.

[120] 谢政璇, 穆月英. 农户节水灌溉技术采用的影响因素分析 [J]. 节水灌溉, 2021 (10): 42-47, 53.

[121] 邢霞, 修长百, 闫晔. 农业节水技术采纳行为的影响因素: 基于保护动机理论和跨理论模型 [J]. 中国农业大学学报, 2022, 27 (1): 274-286.

[122] 徐涛, 赵敏娟, 乔丹, 等. 外部性视角下的节水灌溉技术补偿标准核算: 基于选择实验法 [J]. 自然资源学报, 2018, 33 (7): 1116-1128.

[123] 徐涛, 赵敏娟, 乔丹, 等. 农户偏好与"两型技术"补贴政策设计 [J]. 西北农林科技大学学报 (社会科学版), 2018, 18 (4): 109-118.

[124] 徐向阳. 灌溉节水激励模型研究 [D]. 长沙: 中南大学, 2009.

[125] 徐依婷, 穆月英, 侯玲玲. 水资源稀缺性、灌溉技术采用与节水效应 [J]. 农业技术经济, 2022 (2): 47-61.

[126] 徐中民, 张志强, 龙爱华, 等. 环境选择模型在生态系统管理中的应用 [J]. 地理学报, 2003, 58 (3): 398-405.

[127] 许朗, 陈杰, 刘晨. 小农户与新型农业经营主体的灌溉用水效率及其影响因素比较 [J]. 资源科学, 2021, 43 (9): 1821-1833.

[128] 许朗, 陈杰. 节水灌溉技术采纳行为意愿与应用背离 [J]. 华南农业大学学报 (社会科学版), 2020, 19 (5): 103-114.

［129］许朗，王宁．农业水价对不同种植规模农户节水行为的影响研究：基于对石津灌区的调查研究［J］．干旱区资源与环境，2021，35（11）：81-88.

［130］杨飞，李爱宁，周翠萍，等．兼业程度、农业水资源短缺感知与农户节水技术采用行为：基于陕西省农户的调查数据［J］．节水灌溉，2019（5）：113-116.

［131］杨继富．农业节水投入现状分析与政策探讨［J］．节水灌溉，2002（6）：5-7，46.

［132］杨晶．乡村振兴战略推进下农业水资源节水激励机制研究［J］．农业经济，2020（7）：12-14.

［133］杨骞．资源环境约束下农业用水效率评价及提升路径研究［M］．北京：经济科学出版社，2020.

［134］杨鑫，穆月英．经济学视角下农业水资源生产率研究进展［J］．中国农业大学学报，2020，25（4）：144-153.

［135］杨增旭．农业化肥面源污染治理：技术支持与政策选择［D］．杭州：浙江大学，2011.

［136］杨振宇．政策扶持　典型示范　全面推动阿盟节水农业发展［J］．内蒙古水利，1998（3）：22-24，37.

［137］姚增福，李全新．基于最优社会保障规模视角农户农业节水补偿标准研究［J］．干旱区资源与环境，2015，29（6）：57-62.

［138］姚志春．甘肃省农业节水工程长效运行机制探讨［J］．兰州财经大学学报，2016，32（3）：122-127.

［139］张标，张领先，傅泽田，等．新型农业经营主体节水灌溉技术采纳行为及其影响因素研究：以北京市为例［J］．农业现代化研究，2017，38（6）：987-994.

［140］张宏志，金飞．美国农业水资源利用与保护［J］．世界农业，2014（12）：130-133.

［141］张华，王礼力．农业水贫困对农户灌溉技术采用效果的影响：以宝鸡峡灌区为例［J］．农业现代化研究，2020，41（6）：1069-1077.

［142］张华，王礼力．农业水贫困对农户节水灌溉技术采用决策的影响

[J]. 干旱区资源与环境, 2020, 34 (12): 105-109.

[143] 张建斌, 李飞飞, 朱雪敏. 农业水价综合改革的实践进展、现实困境与当下因应: 基于内蒙古河套灌区的案例分析 [J]. 价格月刊, 2021 (3): 42-51.

[144] 张建斌, 张雅丽, 朱雪敏. 激励相容农业水价补贴: 一个政策框架分析 [J]. 价格月刊, 2020 (7): 1-7.

[145] 张金萍. 东北半干旱地区农业节水合作经济组织研究 [D]. 哈尔滨: 东北农业大学, 2005.

[146] 张倩. 农业节水投入现状分析与政策探讨 [J]. 北京农业, 2016 (4): 123-124.

[147] 张颖, 金笙, 等. 公益林生态补偿 [M]. 北京: 中国林业出版社, 2013.

[148] 张郁, 吕东辉. 美国加州"水银行"运行机制研究 [J]. 世界地理研究, 2007, 16 (1): 32-39.

[149] 赵姜, 龚晶, 孟鹤. 发达国家农业节水生态补偿的实践与经验启示 [J]. 中国农村水利水电, 2016 (10): 56-58.

[150] 赵姜, 龚晶. 京郊农户节水型农业结构调整的意愿及影响因素分析 [J]. 干旱区资源与环境, 2018, 32 (5): 53-58.

[151] 赵姜, 孟鹤, 龚晶. 京津冀地区农业全要素用水效率及影响因素分析 [J]. 中国农业大学学报, 2017, 22 (3): 76-84.

[152] 李颖, 孔德帅, 吴乐, 等. 农业水价改革情景中农户的节水意愿: 基于河北省地下水超采区的实地调研 [J]. 节水灌溉, 2017 (2): 99-102, 105.

[153] 赵连阁. 灌区水价提升的经济、社会和环境效果: 基于辽宁省的分析 [J]. 中国农村经济, 2006 (12): 37-44.

[154] 赵勇, 王庆明, 王浩, 等. 京津冀地区水安全挑战与应对战略研究 [J]. 中国工程科学, 2022, 24 (5): 8-18.

[155] 郑芳. 新疆农业水资源利用效率的研究 [D]. 石河子: 石河子大学, 2013.

[156] 郑海霞. 北京市对周边水源区的生态补偿机制与协调对策研究 [M]. 北京: 知识产权出版社, 2013.

［157］政务报道组.加快完善国家支持农业节水政策体系［N］.中国水利报，2017-02-07（1）.

［158］中国 21 世纪议程管理中心.生态补偿的国际比较：模式与机制［M］.北京：社会科学文献出版社，2012.

［159］周晓花，程瓦.国外农业节水政策综述［J］.水利发展研究，2002（7）：43-45.

［160］周玉玺，郅伟勇，逄兰兰，等.影响农户农业节水技术采用偏好的因素分析：基于山东省 17 市的问卷调查［J］.水利发展研究，2012，12（12）：25-33.

［161］祝宏辉，杜美玲，尹小君.节水农业技术对绿洲农业生态效率的影响：促进还是抑制？：以新疆玛纳斯河流域绿洲农业为例［J］.干旱区资源与环境，2022，36（10）：34-41.

附录 A　北京地区调查问卷

关于农业结构调整及农业节水情况调查问卷

尊敬的女士/先生，您好！

万分感谢您在百忙之中接受我们的问卷调查。当前北京水资源短缺状况十分严峻，严重影响了京郊农业生产和农村生态环境。农业节水能为社会带来较高的生态效益，为提高农民的节水积极性，政府出台了一系列方案，并愿意发放一定的补贴来促进节水农业发展。本次调查希望了解广大民众的关注热点与倾向性，为相关制度的制定奠定理论基础，请您认真填写。数据只做学术性研究之用，绝对保密。

谢谢您的合作和付出，祝您身体健康，工作愉快！

第一部分　农业结构调整意愿调研（以下各选择题请直接在所选答案前□内打"√"）

1. 您所在的地区是否缺水？

　　□不缺水　　　　　　□一般缺水　　　　　　□严重缺水

2. 您对开展农业节水工作的态度？

　　□强烈反对　　　　　□较反对　　　　　　　□中立

　　□较赞成　　　　　　□非常赞成

3. 您是否愿意改种更为节水的作物？

　　□是　　　　　　　　□否

　　（1）选"是"的原因？

　　　　□有节水补贴　　□政府引导　　　　　□增加收益

　　　　□少用水　　　　□其他_____

　　（2）选"否"的原因？

　　　　□觉得麻烦　　　□不知道怎么种　　　□资金限制

　　　　□土地限制　　　□其他_____

4. 您是否接受过农业结构调整方面的宣传？

　　□否　　　　　　　□是

5. 您当前是否已配备节水灌溉设施？

　　□否　　　　　　　□是

6. 当前节水灌溉设施的资金来源？

　　□自己掏钱

　　□政府免费安装

　　□自己掏钱，政府补贴

　　□政府安装，自己维护

7. 您是否愿意自己投资安装节水灌溉设施？

　　□完全愿意

　　□愿意承担一半的成本

　　□完全不愿意

8. 在改种节水作物方面，您希望政府如何扶持？_____

第二部分　对农业节水政策的意愿调研

　　当前北京水资源形势严峻，为了减少农业用水，假定农产品价格保持不变，请您在充分考虑农业用水与农业生产产量关系的经验基础上，在下列 5 种不同的假设场景中，选择最大可能的减少农业用水比例，然后在您认为最优的方案处打"√"。

　　（1）

属性	维持现状	方案 1	方案 2	方案 3
培训和技术指导	完全凭经验	完全凭经验	一般的技术培训	全程指导
节水设施补贴	每亩补贴 0 元	每亩补贴 1200 元	每亩补贴 600 元	每亩补贴 1200 元
节水管护补贴	每年每亩补贴 0 元	每年每亩补贴 100 元	每年每亩补贴 0 元	每年每亩补贴 100 元
用水管理	不限制用水量	不限制用水量	不限制用水量	不限制用水量
农业水价	0 元/立方米	0 元/立方米	0.5 元/立方米	1.5 元/立方米
农业用水量变化	不变	减少 15%	减少 15%	减少 30%
我选择	（　）	（　）	（　）	（　）

（2）

属性	维持现状	方案 1	方案 2	方案 3
培训和技术指导	完全凭经验	完全凭经验	一般的技术培训	一般的技术培训
节水设施补贴	每亩补贴 0 元	每亩补贴 600 元	每亩补贴 0 元	每亩补贴 600 元
节水管护补贴	每年每亩补贴 0 元	每年每亩补贴 0 元	每年每亩补贴 100 元	每年每亩补贴 100 元
用水管理	不限制用水量	限制用水量	不限制用水量	限制用水量
农业水价	0 元/立方米	1.5 元/立方米	1 元/立方米	0 元/立方米
农业用水量变化	不变	减少 15%	减少 15%	减少 30%
我选择	（ ）	（ ）	（ ）	（ ）

（3）

属性	维持现状	方案 1	方案 2	方案 3
培训和技术指导	完全凭经验	全程指导	完全凭经验	一般的技术培训
节水设施补贴	每亩补贴 0 元	每亩补贴 0 元	每亩补贴 0 元	每亩补贴 0 元
节水管护补贴	每年每亩补贴 0 元	每年每亩补贴 200 元	每年每亩补贴 100 元	每年每亩补贴 0 元
用水管理	不限制用水量	限制用水量	限制用水量	不限制用水量
农业水价	0 元/立方米	0 元/立方米	0.5 元/立方米	1.5 元/立方米
农业用水量变化	不变	减少 15%	减少 15%	减少 30%
我选择	（ ）	（ ）	（ ）	（ ）

（4）

属性	维持现状	方案 1	方案 2	方案 3
培训和技术指导	完全凭经验	全程指导	一般的技术培训	完全凭经验
节水设施补贴	每亩补贴 0 元	每亩补贴 600 元	每亩补贴 0 元	每亩补贴 600 元
节水管护补贴	每年每亩补贴 0 元	每年每亩补贴 0 元	每年每亩补贴 100 元	每年每亩补贴 0 元
用水管理	不限制用水量	不限制用水量	限制用水量	限制用水量
农业水价	0 元/立方米	1 元/立方米	1.5 元/立方米	1 元/立方米
农业用水量变化	不变	减少 15%	减少 15%	减少 30%
我选择	（ ）	（ ）	（ ）	（ ）

（5）

属性	维持现状	方案 1	方案 2	方案 3
培训和技术指导	完全凭经验	完全凭经验	一般的技术培训	完全凭经验
节水设施补贴	每亩补贴 0 元	每亩补贴 1200 元	每亩补贴 600 元	每亩补贴 0 元
节水管护补贴	每年每亩补贴 0 元	每年每亩补贴 0 元	每年每亩补贴 200 元	每年每亩补贴 200 元
用水管理	不限制用水量	不限制用水量	不限制用水量	限制用水量
农业水价	0 元/立方米	0 元/立方米	0 元/立方米	0.5 元/立方米
农业用水量变化	不变	减少 15%	减少 15%	减少 30%
我选择	（　　）	（　　）	（　　）	（　　）

第三部分　基本情况：（请直接在所选答案前□内打"√"）

1. 您的性别：

    □男　　　　　　　　□女

2. 您的年龄：＿＿＿＿＿岁。

3. 您的受教育程度：

    □小学及以下　　　　□初中

    □高中或中专　　　　□大专及以上

4. 您家庭的月均纯收入：

    □2000 元以下　　　　□2001～4000 元

    □4001～6000 元　　　□6001～8000 元

    □8001～10000 元　　 □10001 元及以上

5. 您的家庭人口（指长期共同居住）：＿＿＿＿＿人；其中主要劳动力＿＿＿＿＿人。

6. 您对节水政策实施效果的预期：

    □没有效果　　　　□效果一般　　　　□很有效果

附录 B 京津冀地区调查问卷

关于农业节水相关情况的调查问卷

尊敬的女士/先生，您好！

万分感谢您在百忙之中接受我们的问卷调查，本次调查我们希望了解您对农业节水技术及相关政策的一些看法和认识，只做学术性研究之用，调查数据绝对保密。希望您据实填写问卷，答案没有正确错误之分。

谢谢您的合作和付出，祝您身体健康，工作愉快！

调研地点：＿＿＿＿省＿＿＿＿市＿＿＿＿县（区）＿＿＿＿镇＿＿＿＿村

第一部分　个人基本情况：（请直接在所选答案前□内打"√"）

1. 您的性别：

　　□女　　　　　　　□男

2. 您的年龄：＿＿＿＿岁。

3. 您的受教育程度：

　　□小学及以下　　　□初中

　　□高中或中专　　　□大专及以上

4. 您是否为村干部？

　　□否　　　　　　　□是

5. 您家庭的月均纯收入：

　　□2000 元以下　　　□2001~4000 元

　　□4001~6000 元　　　□6001~8000 元

　　□8001~10000 元　　　□10001 元及以上

6. 主要收入来源：

　　□种植业　　　　　　□养殖业

　　□其他农业　　　　　□非农业

7. 农业收入占家庭总收入比例：

　　□20%以下　　　　　　□20%~50%（含）

　　□50%~80%（含）　　　□80%以上

8. 您的家庭人口（指长期共同居住）：_____人；其中主要劳动力_____人。

9. 您家有几亩地？_____亩。

10. 您家地块分散程度：

　　□集中连片　　　　　　□相距较近

　　□相距较远

第二部分　农业生产及节水技术采用情况：（请直接在所选答案前□内打"√"）

1. 您在农业生产中是否采用了农业节水技术？

　　□否　　　　　　　　　□是

2. 您去年主要种植的农作物是？_____

　　播种面积_____亩，其中采用节水技术的面积大约有_____亩。

3. 您是否参加过农业节水方面的培训：

　　□否　　　　　　　　　□是

4. 您是否看到过农业节水方面的宣传？

　　□否　　　　　　　　　□是

5. 请根据实际生产情况对下表进行选择：（在□内画"√"）

节水技术类型	正在使用的节水技术	您获得该类型技术的渠道	您采用该类型技术的资金来源	您未采用该类型技术的原因
传统型	□畦灌 □沟灌 □平整土地	□技术推广机构 □政府部门 □村集体 □自己琢磨 □效仿周围农民 □市场购买 □其他_____	□自筹 □村集体 □合作社 □政府部门 □企业 □其他_____	□缺乏资金 □缺乏劳动力 □缺乏相关设施 □不了解此类技术 □影响作物产量 □不适合当地条件 □其他_____

续表

节水技术类型	正在使用的节水技术	您获得该类型技术的渠道	您采用该类型技术的资金来源	您未采用该类型技术的原因
经验型	□地面管道 □地膜覆盖 □保护性耕作 □间歇灌溉 □选用抗旱品种	□技术推广机构 □政府部门 □村集体 □自己琢磨 □效仿周围农民 □市场购买 □其他_____	□自筹 □村集体 □合作社 □政府部门 □企业 □其他_____	□缺乏资金 □缺乏劳动力 □缺乏相关设施 □不了解此类技术 □影响作物产量 □不适合当地条件 □其他_____
工程型	□地下管道 □喷灌 □滴灌 □渠道防渗	□技术推广机构 □政府部门 □村集体 □自己琢磨 □效仿周围农民 □市场购买 □其他_____	□自筹 □村集体 □合作社 □政府部门 □企业 □其他_____	□缺乏资金 □缺乏劳动力 □缺乏相关设施 □不了解此类技术 □影响作物产量 □不适合当地条件 □其他_____
其他	□其他_____	_____	_____	_____

6. 您对现有灌溉方式的满意程度?

□很不满意　　　　□不太满意　　　　□一般

□较满意　　　　　□很满意

如果选择不满意,原因是?

□费用高　　　　　□操作不方便　　　　□维护麻烦

□影响产量　　　　□其他_____

7. 您对节水技术投资方式的满意程度?

□很不满意　　　　□不太满意　　　　□一般

□较满意　　　　　□很满意

8. 您对当前农业节水制度与政策安排的满意程度?

□很不满意　　　　□不太满意　　　　□一般

□较满意　　　　　□很满意

如果选择不满意,原因是?

□宣传不够　　　　□缺少技术指导

□不贴近实际　　　□其他_____

9. 您当前农业生产用水是否收取费用？

　　□否　　　　　　　　□是

　　（1）如果选是，当前的用水收费方式是？

　　　　　□按人头　　　　□按用水量

　　　　　□按用电量　　　□按小时

　　　　　□按耗油量

　　（2）现行水价（收费标准）：＿＿＿＿＿。

　　（3）您认为当前的水价？

　　　　　□很高　　　　　□偏高　　　　　□合适

　　　　　□偏低　　　　　□不知道

第三部分　农户节水态度调研：（请直接在所选答案下打前□内"√"）

1. 您认为所在的地区是否缺水？

　　□不缺水　　　　　□一般缺水　　　　□严重缺水

　　□不知道

2. 您对开展农业节水工作的态度？

　　□强烈反对　　　　□较反对　　　　　□中立

　　□较赞成　　　　　□非常赞成

3. 您是否愿意主动采用农业节水技术：

　　□否　　　　　　　□是

4. 您愿意持续采用农业节水技术的程度？

　　□很不愿意　　　　□较不愿意　　　　□一般

　　□比较愿意　　　　□很愿意

5. 您认为采用农业节水技术对生态环境及农业长期发展的重要程度？

　　□很不重要　　　　□较不重要　　　　□一般

　　□比较重要　　　　□很重要

第四部分　对农业节水政策的意愿调研

　　当前水资源形势严峻，为了减少农业用水，假定农产品价格保持不变，请您在充分考虑农业用水与农业生产产量关系的经验基础上，在下列 4 种不同的假设场景中，选择您认为最优的方案打"√"。

（1）下列 4 个方案中您愿意选择哪一项请在（　）内打"√"：

属性	方案1（基准）	方案2	方案3	方案4
培训和技术指导	完全凭经验	全程技术指导	完全凭经验	完全凭经验
用水管理	不限制用水量	不限制用水量	限制用水量	不限制用水量
节水设施管理	不提供节水设施	不提供节水设施	不提供节水设施	安装节水设施
农业水价	不收取水费	按照计量水价收费	不收取水费	不收取水费
农业用水量变化	不变	减少10%	不变	减少15%
我选择	（　）	（　）	（　）	（　）

（2）下列4个方案中您愿意选择哪一项请在（　）内打"√"：

属性	方案1（基准）	方案2	方案3	方案4
培训和技术指导	完全凭经验	完全凭经验	一般的技术培训	完全凭经验
用水管理	不限制用水量	限制用水量	限制用水量	不限制用水量
节水设施管理	不提供节水设施	不提供节水设施	不提供节水设施	安装节水设施
农业水价	不收取水费	按亩收费	按照计量水价收费	按照计量水价收费
农业用水量变化	不变	减少10%	减少15%	不变
我选择	（　）	（　）	（　）	（　）

（3）下列4个方案中您愿意选择哪一项请在（　）内打"√"：

属性	方案1（基准）	方案2	方案3	方案4
培训和技术指导	完全凭经验	完全凭经验	完全凭经验	全程技术指导
用水管理	不限制用水量	不限制用水量	限制用水量	不限制用水量
节水设施管理	不提供节水设施	不提供节水设施	安装节水设施	不提供节水设施
农业水价	不收取水费	按亩收费	不收取水费	不收取水费
农业用水量变化	不变	减少15%	减少10%	不变
我选择	（　）	（　）	（　）	（　）

（4）下列4个方案中您愿意选择哪一项请在（　）内打"√"：

属性	方案1（基准）	方案2	方案3	方案4
培训和技术指导	完全凭经验	一般的技术培训	全程技术指导	一般的技术培训
用水管理	不限制用水量	不限制用水量	限制用水量	不限制用水量
节水设施管理	不提供节水设施	安装节水设施	安装节水设施	安装节水设施
农业水价	不收取水费	按亩收费	不收取水费	不收取水费
农业用水量变化	不变	不变	减少15%	减少10%
我选择	（　）	（　）	（　）	（　）

附录 C 相关政策文件

中共北京市委 北京市人民政府
关于调结构转方式发展高效节水农业的意见

调结构，转方式，发展高效节水农业，是深化农村改革、创新体制机制的重大举措，是促进生态文明、建设国际一流和谐宜居之都的内在要求，是发展都市型现代农业、提升农业核心竞争力的重大机遇。为促进本市高效节水农业发展，现提出如下意见。

一、总体要求

（一）指导思想

深入贯彻落实党的十八大、十八届三中全会和习近平总书记系列重要讲话特别是考察北京工作时的重要讲话精神，坚持农业的基础地位，紧紧围绕北京都市型现代农业生产、生活、生态、示范四大功能，以节水富民、提质增效为目标，正确处理好政府与市场、城市与农村、结构调整与农民增收的关系，创新体制机制，加快推进农业节水，调整农业结构，转变农业发展方式，着力构建与首都功能定位相一致、与二三产业发展相融合、与京津冀协同发展相衔接的农业产业结构，为建设国际一流的和谐宜居之都提供有力支撑和坚实保障。

（二）工作原则

——坚持量水发展。按照以水定城、以水定地、以水定人、以水定产的方针，大力推进农业种植结构调整，全面推广高标准节水技术，严格依法治水，实行取水许可，提高用水效率，为首都水安全做出应有贡献。

——坚持生态优先。在农业发展中更加重视农业的生态功能，大力发展休闲观光农业；更加重视农业减排循环技术应用，大力发展生态友好型现代农业；更加重视造林绿化，逐步形成山水林田湖自然景观和城乡环境相互融合、相得益彰的生态格局。

——坚持提质增效。围绕首都城市功能定位，合理有序统筹推进农业结构调整。压减高耗水的作物生产，调减达不到健康养殖标准的畜禽养殖，稳定蔬菜、渔业和林果生产，大力发展籽种农业。

——坚持农民增收。充分考虑产业调整疏解对农民收入的影响，坚持分业施策、综合施策，统筹研究制定转移就业、替代产业、扶持创业等多方面政策举措，确保农民就业增收。

（三）主要目标

按照京津冀协同、农林水结合、城乡互动、种养业协调的思路，通过调整农业结构，转变农业发展方式，全面提升都市型现代农业的应急保障、生态休闲和科技示范水平。至 2020 年，实现以下目标：

1. 全面提升农业节水水平。农业用新水从 2013 年的 7 亿立方米左右下降到 5 亿立方米左右，农田灌溉水有效利用系数进一步提高，达到国际先进水平。

2. 全面提升"菜篮子"保障水平。按照规模化发展、园区化建设、标准化生产的要求，稳定"菜篮子"自给率；深化区域合作，建立紧密型的"菜篮子"生产外埠基地，提高"菜篮子"产品控制率；强化质量安全，提高"菜篮子"产品合格率。加强农产品市场体系建设，切实提高首都鲜活农产品日常供应能力、应急保障能力、市场竞争能力。

3. 全面提升现代种业发展水平。重点围绕农作物、畜禽、水产、林果四大种业，发挥首都科技和人才优势，打造全国种业创新中心、交流交易中心和企业聚集中心，加快提升"种业之都"建设，发挥引领辐射作用。

4. 全面提升生态建设水平。推动循环农业发展，积极开展农业面源污染和畜禽养殖污染防治，逐步降低化肥、农药使用量，不断提高农业减源增汇水平。因地制宜，大力发展观光休闲农业，为市民提供更多的休闲游憩场所。创新造林和管护机制，积极发展生态林、经济林、苗圃花卉与林下经济。平原地区森林覆盖率由目前的 24.5% 提高到 30% 以上。

二、重点任务

（一）调整农业结构

按照"调粮、保菜、做精畜牧水产业"的要求，大力调整农业结构。将地下水严重超采区和重要水源保护区确定为重点控制区域，在该区域内逐步有序退出小麦等高耗水作物种植，采用宜林则林、宜草则草、宜果则果、宜休耕则休耕的方式恢复水源涵养功能；暂时不能退出的，发展旱作农业或种植生态作物；不再新增加菜田，已有菜田在采取严格节水措施的前提下予以保留；规模畜禽养殖场实现节水、循环、健康养殖，未达到规模生产的散户养殖有序退出。

经过调整，全市农业结构为：

1. 高耗水作物退出以后，重点发展籽种田 30 万亩，旱作农业田 30 万亩，生态景观田 20 万亩。

2. 菜田占地由 2013 年的 59 万亩增加到 70 万亩左右。

3. 观光采摘果园占地稳定在 100 万亩左右，升级改造其中 50 万亩低效果园。

4. 畜牧水产业控制新增规模，疏解现有总量，提高养殖水平。生猪年出栏量调减 1/3，稳定在 200 万头左右；肉禽年出栏量调减 1/4，稳定在 6000 万只左右；奶牛存栏量稳定在 14 万头左右，蛋鸡存栏量稳定在 1700 万只左右；水产养殖面积稳定在 5 万亩左右，推广工厂化、温室循环、标准化的节水池塘养殖和生态养殖。

（二）推进农业节水

按照"地下水管起来、雨洪水蓄起来、再生水用起来"的原则，全面推进设施节水、农艺节水、机制节水、科技节水，提高农业用水效率。

1. 加强农业高效节水灌溉设施建设。大田采用喷灌，设施作物、果树采用滴灌、微喷及小管出流等高效节水设施，实现农业高效节水灌溉设施全覆盖。

2. 全面推广农艺节水技术。推广菜田高效精量节水、旱作农业节水、大田作物节水、水肥一体化等技术。

3. 加强农业用水管理。强化灌溉用水标准管理，针对不同作物、不同耕作方式，制定节水的精细化标准，明确设施作物年用水量控制在 500 立方米/亩左右，大田年用水量控制在 200 立方米/亩左右，果树年用水量控制在 100 立方米/亩左右。强化灌溉用水收费管理，推进农业综合水价改革。

4. 林地、绿地、农村生态环境用水以雨洪水、再生水为主。林木品种选择标准要充分考虑林地成林后年蒸腾蒸发量，与本地降水量相适宜。

（三）发展现代林业

在全面落实城市规划确定的"两环、三带、九楔、多廊"绿化格局的基础上，按照以解决历史遗留问题为主、以创新造林和管护机制为主的原则，积极有序推进平原造林，同时要重视城市公园与绿地建设。主要任务包括 6 个方面，预计增加森林资源 38 万亩以上。

1. 中心城、新城通过拆违和挖潜，建设小微型绿地 300 处，面积 3000 亩。

2. 加大第一道、第二道绿化隔离地区拆迁腾退绿化建设力度，增加绿化面积 15 万亩。

3. 利用废弃坑塘藕地、撂荒地、荒滩荒地、砂石坑等，实施绿化 10 万亩。

4. 通过边角地利用、农村沟路河渠村周边挖潜，实现绿化 3 万亩。

5. 建设规模化苗圃 10 万亩以上。

6. 积极创新投入与管护机制，合理利用农业结构调整空间进一步增加平原造林面积。

三、保障措施

（一）规划先行

加快制定农业空间布局规划、地下水严重超采区和重点水源保护区农业结构调整实施方案、农业节水规划、造林绿化规划，进一步明确目标、任务、措施、责任与年度计划，确保各项任务得到全面落实。

（二）创新机制

深化农村改革，紧紧围绕"新三起来"（即土地流转起来、资产经营起来、农民组织起来），加快推进农业发展方式转变。

1. 转变农业生产方式。塑造首都安全农业品牌，推进集约化、区域化发展，全面提高土地产出率、劳动生产率与资源利用率；提升农业科技和精细化管理水平，促进都市型现代农业向低碳、循环、可持续方向转变。

2. 转变农业经营方式。发挥市场的主导作用，积极培育家庭经营、集体经营、合作经营、企业经营等新型农业经营方式，加快向农业输入现代生产要素。

3. 创新农民组织方式。尊重农民的主体地位，鼓励和支持承包土地经营权、林地使用权通过公开市场，向新型经营主体流转，支持农民通过专业合作、股份合作等多种形式参与经营管理，切实有效提高农民的组织化程度。

4. 创新农业服务方式。加强产前、产中、产后全过程、全链条的对接服务，推行合作式、订单式、托管式等服务模式，全面提升农业社会化、公益性服务水平。

（三）科技支撑

充分发挥科技对现代农业的支撑作用，发挥首都科技、人才与资源优势，加快都市型现代农业建设步伐。

1. 发挥科技的引领作用，加快农业高技术自主创新，发展高端、高效、安全农业等前沿技术，带动现代种业、食品安全与物联网等产业发展。

2. 发挥科技的支撑作用，加强农业、林业、节水等重大关键技术研究与成果转化，大幅度提高机械化、精确化、标准化、信息化水平，为现代农业奠定更加坚固的技术支撑。

3. 发挥科技创新的保障作用，大力发展农业低碳经济和农业循环经济，实现农业经济增长的循环化与低碳化，确保农业资源安全、能源安全与生态安全。

4. 发挥科技创新的带动作用，促进科技经济紧密结合，依靠农业科技带动区域农业与农村经济，鼓励扶持农产品物流、连锁经营、直销配送、电子商务等现代流通方式发展，加快实现农产品交易方式的多元化和现代化，加快城乡统筹发展。

（四）政策保障

1. 关于农业政策。将粮田用地上图入库，建立补偿制度试点。扩大种业发展资金规模。开展农艺节水、水肥一体等技术研发、示范与推广。支持新型有机肥和高效低残留农药使用；支持规模养殖场粪污治理，鼓励扶持通过兼并、重组、合作等形式推进规模化养殖。实行基本菜田最低保有量制度和种植补贴制度，加大外埠蔬菜基地和规模化畜禽养殖场的补贴力度。加强农产品安全监管，建立健全农产品质量检测检验体系。加大冬季裸露农田治理，研究休耕与冬季生态作物种植补贴政策。研究制定促进家庭农场发展的融资、保险、科技、农机、补贴等政策，同时按照存量不变、增量调整原则，逐步调整完善粮食直补政策，逐渐向家庭农场、适度规模种植倾斜。

2. 关于林业政策。在充分利用国家和本市现有造林绿化政策的基础上，积极探索动员社会力量参与造林的投入机制，形成政府、社会、企业、家庭共同参与的局面。在不适宜社会资金投入的区域和"两环、三带、九楔、多廊"平原造林规划格局内的生态公益林建设，继续实行平原造林政策；研究推广大兴区西红门镇、海淀区东升乡等乡镇统筹利用集体建设用地的经验做法，推进第一道、第二道绿化隔离地区拆迁腾退还绿。研究农村沟路河渠村周边零散地绿化补助政策，鼓励农村植树造林。参照第一道绿化隔离地区的政策，吸引鼓励企业参与平原造林建设和养护。统筹平原地区新增林和第一道、第二道绿化隔离地区及五河十路等原有林的养护管理标准，逐步实现同地同树同政策。建立平原地区新增森林资源养护管理机制，组建以当地农民为主体的专业养护队伍。研究制定新增经济林扶持政策；探索制定果园改造扶持政策。

3. 关于节水政策。健全最严格的用水及节水管理制度，通过发放取水许可证，严格农村机井取水总量和用途管理，推进地下水的涵养与保护。加大政府基本建设项目对田间、林地节水灌溉和集雨工程支持力度，建立灌溉管材及设备质量控制机制，确保持续良性运行，发挥工程效益。建立农业节水奖励机制、农业节水灌溉技术服务支持机制、灌溉水利用系数监测考核机制。区县政府负责建立灌溉用水计量收费与设施运行管护机制。

4. 关于就业政策。按照"职业农民培养一批、二三产业转移一批、公益岗位吸纳一批"的原则，切实做好农民就业创业促进工作。加强新型职业农民培养支持力度，鼓励有一定生产条件的农民发展家庭农场、家庭林场与林下经济，鼓励和引导农业企业吸纳本地农民从事一产工作，签订用工合同，保障工资收入，参加社会保险。对有转移就业意愿的农民，加强非农职业技能培训和创业培训，通过鼓励用人单位招用、个人自谋职业或自主创业帮助其实现非农就业。大力发展农村社会公共管理服务、生态建设等公益性项目，逐步在农村推广建立社会公益性就业组织，开发公益性就业岗位，对年龄偏大、劳动能力偏弱、生活困难以及"零就业家庭"等农村就业困难人员优先给予托底安置。

各区县、各部门要按照本意见的要求，结合实际，切实加强组织领导，采取相关配套措施，加大资金投入力度，全力推进高效节水农业发展。要加强统筹，形成区县间、部门间和京津冀区域间的协同联动，确保各项任务落到实处。要加强工作的追踪监测和监督检查，及时分析、汇总、反映和处理各类情况，保证工作取得成效。要充分运用市场手段，发挥经济调节、价格杠杆的作用，调动和吸纳社会力量广泛参与。要加强宣传，牢固树立节水意识，积极营造社会认同、农民参与、企业支持的良好氛围。

天津市人民政府办公厅转发市水务局《关于加快我市农村水利发展实施意见》的通知

（津政办发〔2009〕85号）

各区、县人民政府，各委、局，各直属单位：

市水务局《关于加快我市农村水利发展的实施意见》已经市人民政府领导同志同意，现转发给你们，请照此执行。

天津市人民政府办公厅

二〇〇九年六月四日

关于加快我市农村水利发展的实施意见

为深入贯彻落实《中共中央　国务院　关于2009年促进农业稳定发展农民持续增收的若干意见》（中发〔2009〕1号）精神，更好地发挥水利促进农业稳定发展农民持续增收的作用，现就进一步加快我市农村水利基础设施建设和农村水利发展，显著提高水利服务农村改革发展和建设的水平提出如下实施意见：

一、加快农村水利发展的必要性和紧迫性

加快推进社会主义新农村建设和促进农村改革发展，是深入贯彻党的十七届三中全会和市委九届四次、五次全会精神的本质要求，是全面落实科学发展观的具体体现，事关全市改革发展和现代化建设大局。农业稳定发展、农民持续增收、城乡一体化建设，有水则灵，缺水则难。历史的经验表明，以农村水利为重点的农业基础设施，始终是农业和农村社会发展最基本的条件。无论农业生产方式和农村社会组织方式如何变化，农业和农村对水利的依赖不会改变，而且要求越来越高。如果水利建设长期滞后，农业产业化和农村现代化必将后劲乏力。总之，农村要发展，水利要先行。

进入 21 世纪，特别是党的十七届三中全会以来，党中央、国务院和市委、市政府多次明确提出要加大以农田水利为重点的农业基础设施建设力度，都对农村水利工作提出了新的更高的要求。在当前应对国际金融危机的形势下，加强农村水利建设，不仅是提高农业生产能力、加快农业现代化的迫切需要，也是扩大投资、促进增长的现实抓手。因此，各级人民政府和市有关部门必须从践行"三个代表"重要思想、深入贯彻落实科学发展观的高度，深化对新形势下加快农村水利发展的必要性和紧迫性的认识，进一步统一思想和行动，切实把加快农村水利发展作为一项事关农村发展、事关城乡全局的重大战略任务，摆上重要议事日程，增强紧迫感和使命感，下大力量把农村水利建设抓紧抓好。

近年来，在市委、市政府的正确领导下，我市农村水利建设取得了明显成效。但也必须清醒地看到，农村水利仍是我市农村经济社会发展的薄弱环节。主要体现在以下方面：一是城镇防洪减灾能力和农村除涝标准亟待恢复、提高和加强，农田排涝设施老化失修严重，不能开车或不能正常开车的国有扬水站控制的农田排涝面积占全市农田面积的 60% 以上，全市农村实际排涝能力普遍在 5 年一遇以下；二是农业用水节水水平和抗旱调蓄水能力依然不高，我市有效灌溉面积 524 万亩，其中节水灌溉面积 343 万亩，占有效灌溉面积的 65%，且多以低压管道、防渗渠道为主，农田灌溉用水计量收费仅处于试点阶段，仍以按面积或耗电量计量为主；三是再生水等非常规水源开发利用刚刚起步，再生水利用还处于规划、研究、示范阶段；四是农村饮水不安全问题依然存在，全市 320 万农村居民中尚有 127 万人饮水不安全问题有待解决；五是水土流失治理和农村水环境整治任务还比较艰巨，我市山区尚有 184 平方公里存在不同程度的水土流失，清洁小流域治理刚刚起步，开发建设项目水土保持方案编报率很低。存在上述问题的主要原因有：水利建设在新农村建设中的应有地位尚未确定，科学合理的农村水利管理体系需要健全，稳定增长的公共财政长效投入机制亟待建立。

二、指导思想和目标任务

指导思想：全面贯彻党的十七大、十七届三中全会和市委九届四次、五次全会精神，以邓小平理论和"三个代表"重要思想为指导，深入贯彻落实科学发展观,把农村水利工作作为农村改革发展和社会主义新农村建设的基础性工作。以农村防洪、除涝安全为前提,以农村安全供水、农业节水和非常规水源利用为重点,以农田基础设施建设和农村水环境改善为保障,通过实施十二项工程,加快推进农村水利建设步伐,为农村经济社会又好又快发展提供强有力的水利支撑。

目标任务:从现在起用3~5年左右时间,通过组织推动实施蓄滞洪区建设工程、水库综合开发利用基础工程、国有扬水站更新改造工程、农村饮水安全及管网入户改造工程、节水灌溉工程、再生水回用农业工程、雨洪水资源利用工程、高标准农田改造工程、农用桥闸涵维修改造工程、农村骨干河道综合整治工程、农村坑塘整治和村镇生活污水处理回用工程、水土保持工程等,初步搭建起现代都市型可持续农村水利框架,力争到2011年,使农村排涝标准得到基本恢复和提高;农村居民饮水水质达标率达到100%,农村饮水安全管网化走在全国前列;全市农业节水灌溉面积达到440万亩,占有效灌溉面积的80%以上;田间工程设施得到明显改善;山区水土流失治理率达到100%;再生水回用农田的比例达到20%;农村水土环境明显改善。

三、工程建设措施

当前和今后一个时期,农村水利工作要抓住国家扩大内需的重大机遇,将农村水利基本建设作为农业生产能力建设的基础性工程,作为防灾减灾、扶贫增收的有效手段,作为社会主义新农村建设的重要内容,紧紧围绕保障农村防洪除涝安全、解决农村居民饮水安全问题、提高农业生产节水能力、完善农田水利基础设施、改善农村水生态环境等方面,科学规划,加大投入,建设一批有效提高农业生产能力、改变农村面貌、拉动经济增长的基础设施项目,力争在较短的时间内使我市农村水利建设水平迈上新台阶。

(一)蓄滞洪区建设工程。2009年,在东淀、贾口洼、永定河泛区、大黄堡洼、青淀洼、七里海等6个蓄滞洪区建设撤退路18条,总长32.43公里。到2011年,争取实施完成黄庄洼滞洪围堤工程和青淀洼本洼围堤加固工程;加固永定河泛区左堤5.5公里;完成大黄堡洼东围堤加固;在重要蓄滞洪区建设撤退路150公里。

(二)水库综合开发利用基础工程。2009年,结合水库综合开发,加快实施列入水利部计划的病险水库除险加固工程。年底完成塘沽区黄港二库除险加固任务，东丽区新地河、静海县团泊两座病险水库年内完成前期准备工作，并争取尽快开工。到 2010 年，在全面启动水库综合开发利用工程的同时，完成全部除险加固任务。

（三）国有扬水站更新改造工程。要加快实施老化失修国有扬水站更新改造工程建设，同时完成与之相连的排沥渠道清淤工程，消除安全隐患，恢复农田及农村地区排水能力，确保汛期各项排涝设施正常安全运行。2009 年，更新改造国有扬水站 18 座。到 2011 年，全市更新改造扬水站 47 座，恢复原有设计排涝标准。

（四）农村饮水安全及管网入户改造工程。按照《天津市农村饮水安全及管网入户改造工程规划方案》，结合我市社会主义新农村建设规划和城镇规划，精心组织，积极推动。2009 年要再解决 100 万人饮水不安全问题。到 2010 年，使本市 320 万农村居民饮水不安全问题得到全面解决，实现农村管网入户率 100%、饮水水质达标率 100%。

（五）节水灌溉工程。按照《天津市节水灌溉发展"十一五"规划》，围绕农业种植结构调整，加大对设施农业、特色农业和休闲观光农业等高效现代农业的水利服务力度，因地制宜发展和推广精准灌溉和喷微灌高效节水灌溉技术，提高设施农业水平和都市型现代农业品位。加大灌区续建配套节水改造力度，恢复和提高灌区农业综合生产能力。同时以粮食主产区县为重点，围绕粮经作物生产，大力推广高效节水、经济实用的低压管道输水技术，提高农业水资源利用效率，全力打造节水高效现代农业，确保粮食生产安全。2009 年，全市新增节水灌溉面积 25 万亩，累计达到 368 万亩，占有效灌溉面积的 70%。到 2011 年，全市节水灌溉面积达到 440 万亩，占有效灌溉面积的80% 以上。

（六）中心城区再生水回用农业工程。积极组织推动城市再生水回用农业试点工程设施建设，并不断加大推广力度，将符合国家灌溉标准的再生水用于农业，努力增加灌溉水源。2009 年，编制完成纪庄子、咸阳路、东郊污水处理厂再生水农业（生态）利用工程实施方案。到 2011 年，实施完成纪庄子、咸阳路、东郊污水处理厂再生水回用农业工程，年利用再生水 1.2 亿立方米。

（七）雨洪水资源利用工程。通过实施水库除险加固和坑塘、河渠清淤浚深及河系连通等工程，恢复和增加农业蓄水能力。到 2011 年，全市农业蓄水能力恢复到 10 亿立方米。同时在确保全市安全度汛的前提下，科学决策，统一调度，充分利用水库、坑塘、河渠等工程，相机合理调蓄当地沥水、汛水和上游弃水。使一般年份年雨洪水调蓄量达到 2 亿立方米以上，努力实现雨洪水资源利用最大化，提高农村生产用水保障率。

（八）高标准农田改造工程。结合农业综合开发和土地整理等项目，积极组织和引导农民对其直接受益田间工程投资投劳，开展农田沟渠清淤及土地平整，确保以高标准农田工程为农业生产提供支撑。2009 年，改造中低产田 30 万亩，清淤农田干支渠 700 公里。到 2011 年，全市中低产田灌排沟渠和土地基本清淤、平整一遍。并结合当地特点逐步建立循环机制，每年完成一定的工程量，以 5 年左右为一个周期重新治理一遍。

（九）农用桥闸涵维修改造工程。要加大对老化失修农用桥闸涵维修改造力度。2009 年，继续实施宝坻、武清两区试点工程建设，维修改造农用桥闸涵 100 座。到 2011 年，在全面完成宝坻、武清两区试点工程的同时，加快推进其他有农业的区和各县农用桥闸涵维修改造工程建设，全市共计维修改造农用桥闸涵 779 座。

（十）农村骨干河道综合整治工程。围绕现代化城镇发展规划布局，按照水系工程治理与水生态保护并重、水环境改善与水文化建设并举的原则和"一条清淤河、一条风景线"的治理标准，实施全市农村骨干河道整治工程。2009 年，启动外环线以外 29 条河道水环境治理工程建设，治理完成农村河道 17 条，总长 130 公里。到 2010 年，全面完成 29 条河道水环境治理工程，治理河道 267.54 公里。同时加快实施农田骨干河渠清淤整治，加大排污监管力度，打造城乡千里清水廊道。

（十一）农村坑塘整治和村镇生活污水处理回用工程。结合城镇规划布局和文明生态村建设，加快对农村坑塘治理改造，恢复蓄水能力，改善村镇水环境，使改造后的农村坑塘真正成为以蓄代排的蓄水工程、水清岸绿的镇村风景和娱乐休闲场所。同时，加快推进农村生活污水处理再利用工程建设，实施农村村镇生活污水集中排放、集中处理。2009 年，争取启动农村坑塘整治和村镇生活污水处理回用工程建设。到 2011 年，综合整治农村坑塘 200 座、新建村镇生活污水处理及再利用示范工程 25 座，改造实施村镇排水设施

25 处，同时对外环线以外地区已有和新建的 53 座污水处理厂实施再生水回用工程。

（十二）水土保持工程。按照"治理山丘区，保护水源区，修复平原区，管住开发建设区"的水土保持工作目标，以城市水源地于桥水库水源涵养和建设清洁小流域为重点，加大山丘区水土流失治理和生态修复力度，积极推动平原区水土保持预防监督监测工作。2009 年争取治理水土流失面积 60 平方公里。到 2011 年，治理山区水土流失面积 184 平方公里，山丘区水土流失得到全面治理。

四、保障措施

（一）加强组织领导，强化责任落实。为切实加强贯彻落实本实施意见工作的组织和领导，由市水务局成立以局长任组长、各主管副局长任副组长、相关处室主要负责同志为成员的领导小组。各区县水务（水利）局也要成立相应机构，将各项工作任务落实到领导、分解到部门、细化到责任人。

（二）扎实做好前期，搞好项目储备。市水务局要积极编制和修订完善《天津市农村水利工程建设三年实施计划》及相关专项规划方案。指导各区县根据全市农村水利发展规划，因地制宜，抓紧做好区县农村水利发展各项规划修编工作。建立农村水利项目库；做好项目储备。严格按规划实施，按项目实施。

（三）创新管理体制，形成整体合力。一是加快区县水务管理体制改革步伐，未组建水务局的区县要抓紧组建，已组建的区县要切实落实和履行水务管理职能和责任。二是继续深化区县国有扬水站、排沥河道、水库等基层水利管理单位体制改革，进一步理顺工程管理体制，落实管养经费，实行管养分离，实现高效运行。2009 年完成水利管理单位改革验收工作。三是建立健全市级水利技术推广中心、区县水利技术推广中心和乡镇水利站三级农村水利科技推广服务体系，确保人员编制和经费来源，提高农村水利建设管理水平和农村水利先进技术的推广普及水平。到 2011 年，基本建成农村水利三级科技推广服务体系。四是继续深化小型农田水利工程管理体制改革。要按照工程建设管理规定，落实工程建后管理责任。积极推进农民用水者协会组建进程，提高农民自主参与自身受益的灌溉、饮水等小型水利工程建设、管护的积极性。2009 年新组建农民用水者协会 40 个。到 2011 年，全市农民用水者协会达到 300 个。

（四）切实增加投入，加快建设步伐。一是积极争取中央财政资金，加大对我市农村饮水安全、灌区节水改造、大型泵站更新改造、水土保持等农村水利工程的支持力度。二是依托规划，加强市水务部门与市相关部门协调，市财政根据财政收入状况逐年增加农村水利的投入规模。新增的支农资金重点用于新农村河道治理、坑塘整治、农村生活污水处理回用等改善农民生活条件公共设施项目建设。三是积极鼓励引导农民自愿筹资筹劳。在切实加强民主决策和民主管理的前提下，采取奖补结合的形式，鼓励和支持农民广泛开展自身受益的小型农田水利设施建设。四是创造条件，吸引民营资本投入。尽快出台民营资本投入农村水利建设相关优惠政策，创造条件，鼓励和引导社会力量参与农村水利工程建设和管理。

（五）加大宣传力度，营造舆论氛围。要充分利用各种媒体，加大水利服务社会主义新农村建设的宣传力度，弘扬水利建设主旋律，营造良好的舆论氛围，充分调动社会各界支持水利、办好水利的积极性。

天津市水务局

二〇〇九年五月十一日

天津市政府批准实施全市节水灌溉发展规划

来源：中国水利网站　　　　2008 年 12 月 30 日

　　天津市政府于日前正式批准实施《天津市节水灌溉发展"十一五"规划》（以下简称《规划》），确定了全市节水灌溉发展的近、远期目标，全力推动天津节水灌溉工程蓬勃发展，为天津农村改革发展走在全国前列和服务"三农"注入新的活力。

　　天津市是资源型缺水城市，农业灌溉是水资源消耗的"重头戏"，占全市用水量的近 1/2，能否实现农业用水的高效利用，真正建立起农业节水机制，是建设节水型社会、实现以水资源的可持续利用保障经济社会可持续发展的关键要素。为进一步加快节水灌溉发展，提高农业可持续生产能力，彻底解决农业水资源短缺、农田水利建设资金投入不足等问题，天津市水利局立足城乡统筹发展，本着"开源与节流并重，建设与管理并重，改革与发展并重"的原则，突出重点，因地制宜，统筹规划，协调发展，编制了《天津市节水灌溉发展"十一五"规划》，明确了天津"十一五"期间节水灌溉发展思路是：以提高农业综合生产能力和农业现代化装备水平、促进农业种植结构调整、发展农业生产为目标，以提高灌溉水的利用率和水分生产率为中心，因地制宜确定节水灌溉工程模式和标准，努力开发利用降雨洪水、再生水资源，科学合理配置灌溉用水，不断提高工程管理水平，缓解农业水资源紧张和浪费严重的状况，为实现农业可持续发展和建设沿海都市型现代农业提供水利保障。

　　《规划》确定了天津节水灌溉工程和农业用水管理改革的近、远期目标：到 2010 年，全市节水灌溉面积达到 440 万亩，占有效灌溉面积的 80%左右，灌溉水利用系数达到 0.7，建成 1~2 个高效节水计量示范区，全市 70%以上小型农业灌溉工程采取承包、租赁、拍卖、股份合作等形式改制，全市农民用水者协会达到 100 个以上；到 2020 年，全市有效灌溉面积基本实现节水化，喷微灌面积达到有效灌溉面积的 30%以上，灌溉水利用系数达到 0.8，全市初步建立农业灌溉水权分配交易机制和"总量控制、定额管理"的管理制度，农业灌溉基本实现用水计量，全市所有小型农业灌溉工程全部建立良性运行机制，全市形成区县、乡镇水利部门和农民用水者协会组成的较为完善的三级农业用水管水组织，末级渠系工程及用水基本实现农民自主管理。

按照《规划》确定的发展目标，天津市水利局目前正在抓紧制定具体实施计划，加大组织推动力度，全市各有关部门和有农业区县政府积极响应，周密部署，各方筹措资金，确保各项工程顺利实施，为《规划》目标如期完成奠定良好基础。

河北省节水行动实施方案

为深入贯彻习近平总书记"节水优先、空间均衡、系统治理、两手发力"治水方针,落实《国家节水行动方案》要求,河北省水利厅、河北省发展和改革委员会联合制定《河北省节水行动实施方案》,经省政府审定后,2019年8月12日正式印发实施。

一、从严制定节水目标

强化水资源消耗总量和强度指标刚性约束,结合河北省缺水现状,从严确定2020年、2022年节水目标。到2020年,万元国内生产总值用水量、万元工业增加值用水量较2015年分别降低25%和23%,规模以上工业用水重复利用率达到91%以上,农田灌溉水有效利用系数提高到0.675,用水总量控制在200亿立方米以内,其中农业用水控制在130亿立方米以内,公共供水管网漏损率控制在10%以内。到2022年,万元国内生产总值用水量、万元工业增加值用水量较2015年分别降低32%和30%,农田灌溉水有效利用系数提高到0.675以上,用水总量稳定控制在200亿立方米以内,其中农业用水控制在125亿立方米以内。

二、重点实施五大行动

一是总量强度双控。健全省、市、县三级行政区域用水总量、用水强度控制指标体系,强化节水约束性指标管理,加快落实主要领域用水指标。2020年,建立覆盖主要农作物、工业产品和生活服务业的先进用水定额体系。与此同时,严格用水全过程管理,严格考核责任追究。

二是农业节水增效。调整农业种植结构,推行"水改旱"种植,推广小麦节水品种及配套技术;发展高效节水灌溉工程,加快灌区续建配套和现代化改造;推进农村生活节水;推广畜牧渔业节水方式。

三是工业节水减排。推进工业节水改造,完善供用水计量体系和在线监测系统；推动高耗水行业节水增效，创建节水型企业；推进水循环梯级利用，树立节水标杆。

四是城镇节水降损。开展节水型城市建设，提高城市节水水平；推进供水老旧管网改造，降低供水管网漏损；开展公共领域节水，创建节水型公共机构，到 2020 年，30%以上的公共机构建成节水型单位；严控高耗水服务业用水，严格取水许可审批。

五是重点地区节水开源。打造雄安新区节水样板，将节约用水贯穿新区建设各方面；加强非常规水利用；加大沿海地区海水利用，到 2022 年，海水淡化水年利用量达到 1.4 亿立方米。

三、加快推进改革创新

一是政策制度推动改革创新。加快水价改革，探索建立农业用水收费制度，持续推进农业水价综合改革，建立健全城镇供水价格形成机制和动态调整机制。严格落实水资源税改革政策措施，充分发挥税收刚性作用。加强用水计量统计，建立节水统计调查和基层用水统计管理制度，强化节水监督管理，加快节水标准制定工作。

二是市场机制推动改革创新。推进水权水市场改革，开展水资源使用权确权登记，建立农业水权制度，探索地区间、行业间等多种形式的水权交易。引导和推动合同节水管理，到 2020 年，各设区市分别建成不少于 1 所"合同节水型高校（医院）"。落实水效标识制度，持续推动节水产品认证工作，到 2022 年，各市遴选出 2 家水效领跑者工业企业、2 个水效领跑者用水产品型号、1 个水效领跑者灌区和一批水效领跑者公共机构和城市。

重要术语索引